职业技能培训鉴定教材

ZHIYE JINENG PEIXUN JIANDING JIAOCAI

建筑类

架子工（中级）

（第2版）

JIA ZI GONG

U0352668

主编　周海涛

编者　李　斌　周　典　张明爽

　　　周　舟　杨丽芳

中国劳动社会保障出版社

图书在版编目（CIP）数据

架子工：中级/人力资源和社会保障部教材办公室组织编写. —2 版. —北京：中国劳动社会保障出版社，2015

职业技能培训鉴定教材

ISBN 978－7－5167－1988－6

Ⅰ. ①架… Ⅱ. ①人… Ⅲ. ①脚手架-工程施工-职业技能-鉴定-教材 Ⅳ. ①TU731. 2

中国版本图书馆 CIP 数据核字（2015）第 211467 号

中国劳动社会保障出版社出版发行

（北京市惠新东街 1 号　邮政编码：100029）

*

北京市白帆印务有限公司印刷装订　新华书店经销

787 毫米×1092 毫米　16 开本　17 印张　360 千字

2015 年 9 月第 2 版　2021 年 6 月第 4 次印刷

定价：36. 00 元

读者服务部电话：(010)64929211/84209101/64921644

营销中心电话：(010)64962347

出版社网址：http：//www. class. com. cn

内 容 简 介

本教材由人力资源和社会保障部教材办公室组织编写。教材以《国家职业技能标准·架子工（2011 年修订）》为依据，紧紧围绕"以企业需求为导向，以职业能力为核心"的编写理念，力求突出职业技能培训特色，满足职业技能培训与鉴定考核的需要。

本教材详细介绍了中级架子工要求掌握的最新实用知识和技术。全书分为 12 个模块单元，主要内容包括架子工测量技能以及扣件式钢管脚手架、碗扣式钢管脚手架、门式钢管脚手架、木脚手架、外挂脚手架、悬挑式脚手架、附着式升降脚手架、模板支架、桥式脚手架、烟囱脚手架、水塔脚手架等构造及搭建、拆除方法、安全防护知识等。每一单元后安排了单元测试题及答案，书末提供了理论知识和操作技能模拟试卷样例，供读者巩固、检验学习效果时参考使用。

本教材是中级架子工职业技能培训与鉴定考核用书，也可供相关人员参加在职培训、岗位培训使用。

前　言

1994 年以来，原劳动和社会保障部职业技能鉴定中心、教材办公室和中国劳动社会保障出版社组织有关方面专家，依据《中华人民共和国职业技能鉴定规范》，编写出版了职业技能鉴定教材及其配套的职业技能鉴定指导 200 余种，作为考前培训的权威性教材，受到全国各级培训、鉴定机构的欢迎，有力地推动了职业技能鉴定工作的开展。

原劳动保障部从 2000 年开始陆续制定并颁布了国家职业标准。同时，社会经济、技术不断发展，企业对劳动力素质提出了更高的要求。为了适应新形势，为各级培训、鉴定部门和广大受培训者提供优质服务，人力资源和社会保障部教材办公室组织有关专家、技术人员和职业培训教学管理人员、教师，依据国家职业标准和企业对各类技能人才的需求，研发了职业技能培训鉴定教材。

新编写的教材具有以下主要特点：

在编写原则上，突出以职业能力为核心。教材编写贯穿"以职业标准为依据，以企业需求为导向，以职业能力为核心"的理念，依据国家职业标准，结合企业实际，反映岗位需求，突出新知识、新技术、新工艺、新方法，注重职业能力培养。凡是职业岗位工作中要求掌握的知识和技能，均作了详细介绍。

在使用功能上，注重服务于培训和鉴定。根据职业发展的实际情况和培训需求，教材力求体现职业培训的规律，反映职业技能鉴定考核的基本要求，满足培训对象参加各级各类鉴定考试的需要。

在编写模式上，采用分级模块化编写。纵向上，教材按照国家职业资格等级单独成册，各等级合理衔接、步步提升，为技能人才培养搭建科学的阶梯型培训架构。横向上，教材按照职业功能分模块展开，安排足量、适用的内容，贴近生产实际，贴近培训对象需要，贴近市场需求。

在内容安排上，增强教材的可读性。为便于培训、鉴定部门在有限的时间内把最重要的知识和技能传授给培训对象，同时也便于培训对象迅速抓住重点，提高学习效率，在教材中精心设置了"培训目标"等栏目，以提示应该达到的目标，需要掌握的重点、难点、鉴定点和有关的扩展知识。另外，每个学习单元后安排了单元测试题，每个级别的教材都提供了理论知识和操作技能考核模拟试卷样例，方便培训对象及时巩固、检验学习效果，并对本职业鉴定考核形式有初步的了解。

编写教材有相当的难度，是一项探索性工作。由于时间仓促，不足之处在所难免，恳切希望各使用单位和个人对教材提出宝贵意见，以便修订时加以完善。

人力资源和社会保障部教材办公室

目 录

第 **1** 单元

架子工测量技能

第一节　距离丈量技能

→ 掌握距离丈量常用工具及其使用方法
→ 了解直线定线
→ 能用钢尺量距

一、常用工具

1. 钢尺

距离丈量的主要工具是钢尺，如图1—1所示。常用的钢尺有30 m和50 m两种，一般为刻线尺，在尺上有一细线刻着零点，如图1—2a所示。还有一种钢尺的起点是从尺环端开始，称为端点尺，如图1—2b所示。钢尺的基本分划为cm，在起始的10 cm内刻有毫米分划。由于钢尺的精度较高，所以主要用于精度要求较高的量距工作，如施工测量。

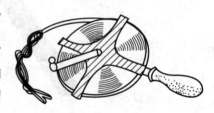

图1—1　钢尺

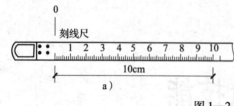
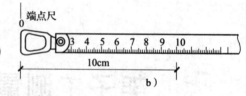

图1—2　钢尺读数
a）刻线尺　b）端点尺

2. 线锤

当地面起伏较大，丈量水平距离时，线锤可用来投点使用或垂直吊中，如图1—3所示。

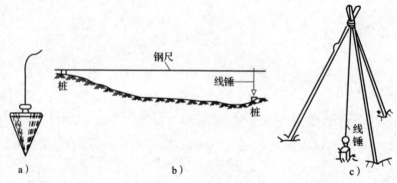

图1—3　线锤的应用
a）线锤　b）地面不平时丈量距离　c）三脚架与线锤的应用

单元 **1**

3. 钢卷尺

钢卷尺分为 1 m、2 m、4 m 长等几种，尺上刻度一般到毫米，可自动收缩，如图1—4 所示。由于尺短使用灵活，放线人员可随身携带，便于用来丈量较短的距离，如测量地面标高控制线到地坪的标高，门窗口的高、宽，墙的厚度，墙垛的长和宽，求短距离的中点等。

图1—4 钢卷尺

4. 小线板

图1—5 所示为小线板，为了收、放、保存方便，通常用木制绕线架绕线。定出两点之后即可拉出一条直线，一般采用尼龙线。在工地放线或收线时，一手转动木架，一手扶线，引导线绕在木架上，如图1—5a 所示。也有把尼龙线绕在一根小木棒上的，如图1—5b 所示，用时放，收时绕。

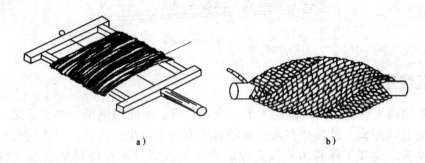

a)   b)

图1—5 小线板

单元 **1**

5. 花杆（标杆）、测钎（测针）

钢尺量距的辅助工具有花杆（标杆）、测钎（测针），如图1—6 所示。花杆在量距工作中主要是用来标定点位的；测钎用来标定所量尺段的起点和终点位置，每量一尺段，就要在尺段的端点插一测钎，以标示点的位置和便于统计所量的尺段数，因此，测钎又是用来计算已丈量尺段数的标记。

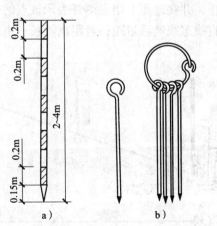

a)   b)

图1—6 花杆（标杆）、测钎（测针）

a）花杆（标杆）　b）测钎（测针）

6. 水平尺

水平尺有用木料制成和金属制成的两种，如图1—7所示。在尺的水平方向安有长水准器，竖直方向有短水准器，长度约40 cm。水平尺可用于脚手架纵向水平杆的水平控制。

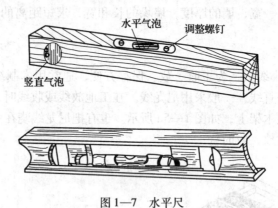

图1—7 水平尺

二、直线定线

通常地面上两点间的距离都大于一个整尺段，不能用钢尺一次丈量完。为了量得两点的直线距离，就需要在两点间的直线方向上定出一些点，量距时便可沿这些点进行丈量，这项工作称为直线定线。直线定线一般用标杆目估定线或经纬仪定线。

1. 在较平坦的地面目估定线

如图1—8所示，A、B为地面上有标志且互相通视的两点，欲测量AB间的距离，需要在连接A、B两点的直线标出1、2等点。应先在A、B两点上竖立标杆，然后测量员甲站在A点标杆后，通过A点标杆瞄准B点标杆。测量员乙手持标杆在2点附近，按甲的指挥左右移动标杆，直到甲从A点用人眼沿标杆的同一侧看到A、2、B三点处的标杆在一条直线上为止，并在地面上用一测钎表示该点的位置。同法可定出直线上的其他点。量距时，可先直线定线然后量距；若距离不长，也可边定线边量距。此种定线适合一般量距。

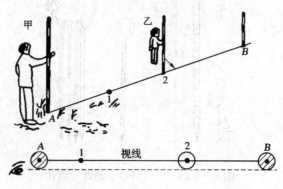

图1—8 在较平坦的地面目估定线

单元 1

在脚手架工程中，为了较准确地确定出立杆位置，使得脚手架的立杆在一条线上并且等距，可在已知 A、B 两点上拉一水平通线，然后沿该水平通线，用钢尺量取脚手架立杆所需的距离。这样就能保证脚手架的立杆在一条线上并且等距。

2. 经纬仪定线

如图 1—9 所示，欲精密丈量 AB 的距离，首先应清除沿线上的障碍物，然后将经纬仪置于 A 点上，瞄准 B 点进行定线。用钢尺进行概量，在视线上依次定出比钢尺一整尺略短的尺段 B1、12……，在各尺端点打下木桩，在木桩顶部钉入小铁片，铁片刻有"十"字（使其中一条与 AB 方向重合），以表示相应点的位置，即为丈量时的标志。

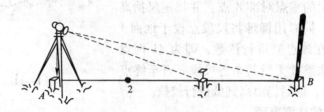

图 1—9 经纬仪定线

三、钢尺量距及注意事项

1. 平坦地面的距离丈量

直线定线后就可以进行距离丈量。一般精度的距离丈量需要三个人即可，分为前尺员、后尺员和记录员。如图 1—10 所示，欲由 A 点向 B 点丈量，后尺员手拿尺子的零刻线处对准直线起点 A，前尺员手拿尺的末端，并拿一标杆和一束测钎沿直线 AB 方向前进，到一整尺段处停下，由后尺员指挥定线，标出 1 点位置。然后将尺平铺在直线上，二人同时用力将尺拉紧、拉直、拉平。待后尺员将钢尺零点对准 A 点喊"好"时，前尺员立即用测钎对准钢尺末端并竖直地将测钎插入地中，得到 1 点，这样就完成了第一尺段的丈量工作。然后，两人拿起钢尺，同时沿直线方向前进，待后尺员走到前尺员所插的第一根测钎为止停步，按上述方法重复第一个尺段的丈量工作，依次丈量第二、第三、…、第 n 个整尺段。到最后不足一整尺段时，后尺员以尺的零点对准测钎，前尺员用钢尺对准 B 点并读出不足一整尺段的余长 q。到此，AB 直线丈量完毕，则 AB 两点之间的水平距离为：

图 1—10 平坦地面的距离丈量方法

$$D_{AB} = nL + q \tag{1—1}$$

式中　n——丈量的整尺段个数（后尺员手中收回的测钎个数）；

L——钢尺的整尺段长度；

q——不足一整尺段的余长；

D_{AB}——由 A 量到 B 的长度。

为了防止错误和提高测量精度，需要从 B 至 A 按上述方法，边定线边丈量，进行返测。

2. 倾斜地面的距离丈量

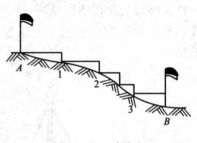

图 1—11　平量法

当地势起伏不大时，可分段将钢尺拉平进行丈量，应由高到低进行。如图 1—11 所示，丈量时后尺员立于 A 点，并指挥前尺员将钢尺拉在 AB 方向线上，然后将钢尺的零点对准 A 点，并将钢尺抬高并目估钢尺水平，同时用锤球将尺段点投于地面 1 点并插下测钎，在该点处进行读数，即为 A1 两点的水平距离。同法继续丈量其余各尺段，直至终点 B。为了方便起见，返测仍由高到低进行校核。

3. 钢尺量距的注意事项

（1）前、后尺员要配合好，定线要直，尺身要水平，尺子要拉紧，用力要均匀，待尺子稳定时再读数或插测钎。

（2）读数要细心，如要防止错把 6 读成 9 或将 18.014 读成 18.140 等。

（3）记录应清楚，记好后及时回读，互相校核。

（4）钢尺性脆易折断，应防止打环、扭曲、拖拉，并严禁车碾、人踏，以免损坏。钢尺易锈，用完需擦净、涂油。

单元 1

第二节　简易方法测设直角及高程技能

培训目标

→ 掌握用勾股定理法测设直角

→ 掌握用中垂线法测设直角

→ 掌握用透明胶管测设高程的方法

一、简易方法测设直角

在小型、简易型及临时建筑和构筑物的施工过程中，经常需要测设直角。如果测设直角的精度要求不高，可以用钢尺或皮尺按简易方法进行测设。

1. 勾股定理法测设直角

如图 1—12 所示，设 AB 是现场上已有的一条边，要在 A 点测设与 AB 成 90° 的另一条边，具体做法如下：

第一步，用钢尺在 AB 线上量取 4 m 定出 P 点。

第二步，以 A 点为圆心，3 m 为半径在地面上画圆弧。

第三步，以 P 点为圆心，5 m 为半径在地面上画圆弧，两圆弧相交于 C 点，则 $\angle BAC$ 为直角。

如果要求直角的两边较长，可将各边长保持 3∶4∶5 的比例，同时放大若干倍，再进行测设。

操作要点：

(1) 以"4"为底，即已知方向上用"4"；当场地允许时，在 3∶4∶5 的比例不变的条件下，尽量选用较大尺寸，如 6 m∶8 m∶10 m 等。

(2) 三边同用钢尺有刻划线的一侧，且三边同在一平面内、拉力一致。

(3) 两个直角边中，至少有一边尺身要水平。

2. 中垂线法测设直角

如图 1—13 所示，AB 是现场上已有的一条边，要过 P 点测设与 AB 成 90° 的另一条边。具体做法如下：

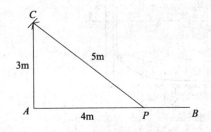

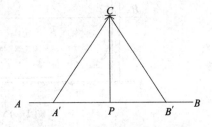

图 1—12　勾股定理法测设直角　　　　图 1—13　中垂线法测设直角

第一步，用钢尺在直线 AB 上定出与 P 点距离相等的两个临时点 A' 和 B'。

第二步，分别以 A' 和 B' 为圆心，以大于 PA' 的长度为半径，画圆弧相交于 C 点，则 PC 为 $A'B'$ 的中垂线，即 PC 与 AB 垂直。

操作要点：

(1) A、A'、P、B'、B 最好同在一水平线上，至少是在一条直线上。

(2) 三边 $A'B'$、$A'C$、$B'C$ 同用钢尺有刻划线的一侧，且三边同在一平面内、拉力一致。

二、简易高程测设法

在施工现场，当距离较短，精度要求不太高时，施工人员常利用连通器原理，用一条装满水的透明胶管，充水后根据大气压强原理，用两管端水凹面进行抄平，如图 1—14 所示，代替水准仪进行高程测设，方法如下所述。

如图 1—15 所示，设墙上有一个高程标志 A，其高程为 H_A，想在附近的另一面墙上测设另一个高程标志 P，其设计高程为 H_P，其测设步骤如下：

(1) 将装满水的透明胶管的一端放在 A 点处，另一端放在 P 点处。

(2) 两端同时抬高或者降低水管，使 A 端水管水面与高程标志对齐。

(3) 在 P 处与水管水面对齐的高度作一临时标志 P'，则 P' 高程等于 H_A。

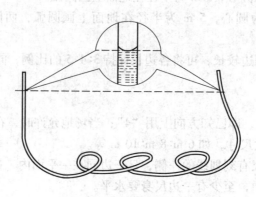

图1—14　透明塑料管

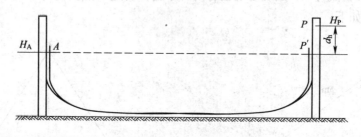

图1—15　简易高程测设法

（4）根据设计高程与已知高程的差 $d_h = H_P - H_A$，以 P' 为起点垂直往上（d_h 大于 0 时）或往下（d_h 小于 0 时）量取 d_h，作标志 P，则此标志的高程为设计高程。

例如，若 $H_A = 77.368$ m，$H_P = 77.000$ m，$d_h = 77.000$ m $- 77.368$ m $= -0.368$ m，按上述方法标出与 H_A 同高的 P' 点后，再往下量 0.368 m 定点，即为设计高程标志。

值得注意的是，使用这种方法时，水管内不能有气泡；在观察管内水面与标志是否同高时，应使眼睛与水面高度一致。此外，不宜连续用此法往远处传递和测设高程。

单元测试题

一、填空题（请将正确的答案填写在横线空白处）

1. 距离丈量的主要工具是钢尺，常用的钢尺有_____和_____两种。

2. 钢卷尺上最小刻度单位是_____。

3. 水平尺用于_____的水平控制。

二、判断题（下列判断正确的请打"√"，错误的请打"×"）

1. 钢尺由于精度较高，所以主要用于精度要求较高的量距工作，如施工测量。

（　　）

2. 在施工现场，当距离较短，精度要求不太高时，利用一条装满水的透明胶管，代替水准仪进行高程测设。

（　　）

三、简答题

1. 一般量距需要哪些工具？

2. 直线定线有几种方法，是如何进行的？

3. 钢尺量距的一般方法是如何进行的？

4. 何为直线定向？直线定向的表示方法有哪两种方式，各是如何定义的？

5. 地面上按边长 60~80 m 的距离选一条边，并在两端点打下两个木桩，钉一小钉作为点位，用量距的一般方法丈量两点的距离。

单元测试题答案

一、填空题

1. 刻度尺　端点尺　2. mm　3. 脚手架纵向水平杆

二、判断题

1. √　2. √

三、简答题

答案略。

第 **2** 单元

扣件式钢管脚手架

第一节 扣件式钢管脚手架的构造

→ 掌握双排扣件式钢管脚手架的构造
→ 掌握单排扣件式钢管脚手架的构造
→ 掌握连墙构造、扣件式钢管脚手架挑探构造
→ 掌握局部卸载构造、门洞构造和节点构造

一、双排扣件式钢管脚手架的构造

双排扣件式钢管脚手架的组成如图 2—1 所示。双排脚手架的构造如图 2—2 所示，其要点如下：

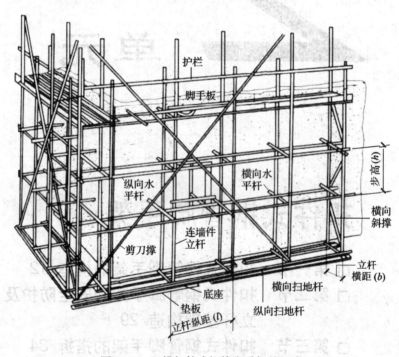

图 2—1 双排扣件式钢管脚手架的组成

1. 立杆

立杆采用上单下双的高层脚手架，单双立杆的连接构造方式有单杆连接和双杆连接两种，如图 2—3 所示。

（1）单立杆与双立杆之中的一根对接。

（2）单立杆同时与两根双立杆用不少于 3 个旋转扣件搭接，其底部支于横向水平杆，在立杆与纵向水平杆的连接扣件之下加设两个扣件（扣在立杆上），且 3 个扣件紧接，以加强对纵向水平杆的支持力。

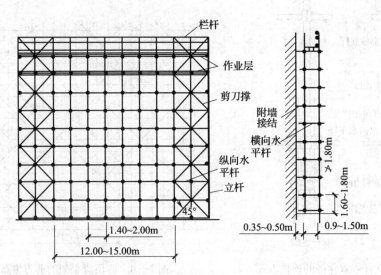

图2—2 双排扣件式钢管外脚手架

立杆的垂直偏差应不大于架高的1/300，并同时控制其绝对偏差值：当架高不大于20 m时，绝对偏差值不大于50 mm；当架高超过20 m不大于50 m时，绝对偏差值不大于75 mm；架高超过50 m时绝对偏差值应不大于100 mm。

2. 纵向水平杆

纵向水平杆步距为1.60～1.80 m。上、下纵向水平杆的接长位置应错开布置在不同的立杆纵距中，与相近立杆的距离不大于纵距的1/3。

同一排纵向水平杆的水平偏差不大于该片脚手架总长度的1/250，且不大于50 mm。

相邻步架的纵向水平杆应错开布置在立杆的里侧和外侧，以减少立杆偏心受载情况。

3. 横向水平杆

横向水平杆贴近立杆布置（对于双立杆，则设于双立杆之间），搭于纵向水平杆之上并用直角扣件扣紧，在相邻立杆之间可根据需要加设一根或两根。在任何情况下，均不得拆除作为基本构架结构杆件的横向水平杆。

4. 剪刀撑

剪刀撑应沿架高连续布置，在相邻两排剪刀撑之间，每隔10～15 m高加设一组长剪刀撑，如图2—4所示。剪刀撑的斜杆除两端用旋转扣件与脚手架的立杆或纵向水平杆扣紧外，在其中间应增加2～4个扣结点。

脚手架剪刀撑和横向斜撑，如图2—5至图2—7所示。

（1）当脚手架高度在24 m以下时，除在脚手架的外侧立面两端（脚手架转角处）由底至顶各连续设置一组剪刀撑外，中间应每隔20 m设置一组。当脚手架高度在24 m以上时，应在外侧立面整个长度和高度上连续设置剪刀撑。

单元
2

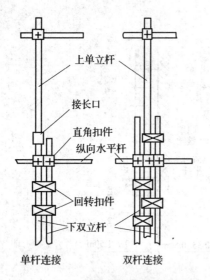

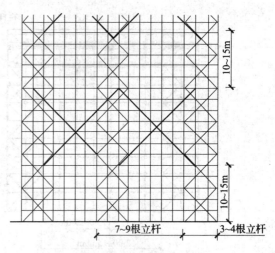

图2—3　单立杆和双立杆的连接方式　　　　图2—4　高层脚手架的剪刀撑布置

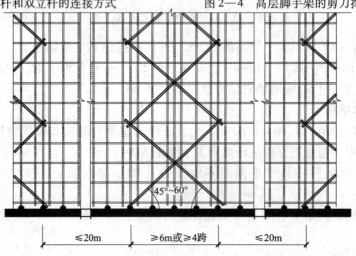

图2—5　高度24 m以下脚手架剪刀撑

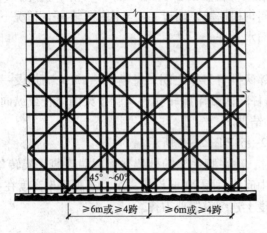

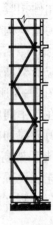

图2—6　高度24 m以上脚手架剪刀撑　　　　图2—7　横向斜撑

（2）"一"字形、开口型双排脚手架的两端均必须设置横向斜撑。高度在 24 m 以上的封闭型脚手架，除拐角应设置横向斜撑外，中间应每隔 6 跨设置一道。剪刀撑钢管应和与之相交的每一立杆或横向水平杆的伸出端扣紧。横向斜撑钢管应和与之相交的每一立杆和横向水平杆扣紧。

（3）剪刀撑钢管接长应采用搭接，搭接长度不应小于 1 m，应采用不少于 3 个旋转扣件固定，端部扣件的边缘至杆端距离不应小于 100 mm。

5. 连墙件

可按两步三跨或三步三跨设置，其间距应不超过表 2—1 的规定，且连墙件一般应设置在框架梁或楼板附近等具有较好抗水平力作用的结构部位。

表 2—1　　　　　　　　　　连墙件的间距

脚手架类型	脚手架高度（m）	垂直间距（m）	水平间距（m）
双排	≤50	≤6	≤6
	>50	≤4	≤6
单排	≤20	≤6	≤5

6. 护栏和挡脚板

在铺脚手板的操作层上必须设两道护栏和挡脚板。上栏杆高度不小于 1.1 m。挡脚板亦可用加设一道低栏杆（距脚手板面 0.2 ~ 0.3 m）代替。

二、单排扣件式钢管脚手架的构造

单排脚手架只有一排立杆，横向水平杆的另一端搁置在墙体上，构架形式与双排架基本相同，但使用上有较多的限制。

1. 使用限制

（1）搭设高度不大于 20 m，即一般只用于 6 层以下的建筑（仅作防护用的单排外架，其高度不受此限制）。

（2）不准用于一些不适于承载和固定的砌体工程，脚手眼的设置部位和孔眼尺寸均有较为严格的限制。一些对外墙面的清水或饰面要求较高的建筑，考虑到墙脚手眼可能造成的质量影响时，也不宜使用单排脚手架。

2. 构造要求

为了确保单排脚手架的稳定承载能力和使用安全，在构造上一定要符合以下要求：

（1）连接点的设置数量不得少于三步三跨一点，且连接点宜采用具有抗拉压作用的刚性构造。

（2）杆件的对接接头应尽量靠近杆件的节点。

（3）立杆底部支垫可靠，不得悬空。

（4）单排脚手架中横向水平杆将插入墙内的一端，但在下列部位不得设置：

1）过梁上与过梁两端成 60°角的三角形范围内及过梁净空的 1/2 高度范围内，如图 2—8 所示。

单元
2

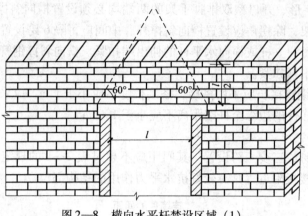

图2—8　横向水平杆禁设区域（1）

2）砌体门窗洞口两侧 200～300 mm 范围及宽度小于 1 m 的窗间墙内，如图 2—9 所示。

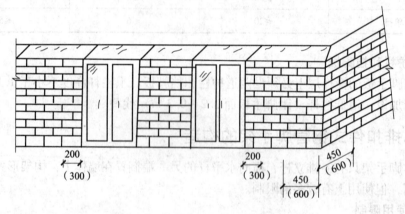

图2—9　横向水平杆禁设区域（2）

3）砌体转角处的 450 mm（砖砌体）或 600 mm（其他砌体）范围内，如图 2—9 所示。

4）梁或梁垫下及其两侧各 500 mm 的范围内，如图 2—10 所示。

5）宽度小于 480 mm 的砖柱（独立或附墙砖柱）上，如图 2—11 所示。

三、连墙构造

连墙构造（简称"连墙件"）对外脚手架的安全至关重要。由于连墙件设置数量不足、构造不符合要求及被任意拆掉等所造成的事故屡有发生，因此必须给予高度重视并确保其设置要求。

1. 连墙构造的类型

（1）刚性连墙构造。刚性连墙件系指既能承受拉力和压力作用，又有一定的抗弯和抗扭能力的刚性较好的连墙构造，即它一方面能抵抗脚手架相对于墙体的里倒和外张变形，同时也能对立杆的纵向弯曲变形有一定的约束作用，从而提高脚手架的抗失稳能力。

单元
2

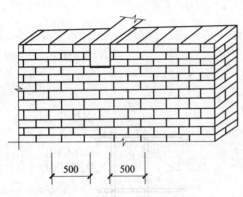

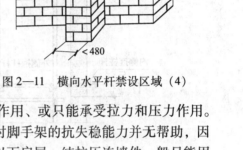

图 2—10　横向水平杆禁设区域（3）　　图 2—11　横向水平杆禁设区域（4）

（2）柔性连墙构造。柔性连墙件只能承受拉力作用、或只能承受拉力和压力作用。它的作用只能限制脚手架向外倾倒或向里倾倒，而对脚手架的抗失稳能力并无帮助，因此在使用上受到限制；纯受拉连墙件只能用于 3 层以下房屋；纯拉压连墙件一般只能用在高度不大于 24 m 的建筑工程中。

2. 脚手架连墙装置（见图 2—12 至图 2—14）

单元

2

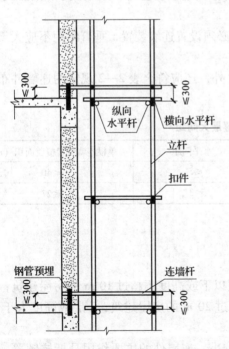

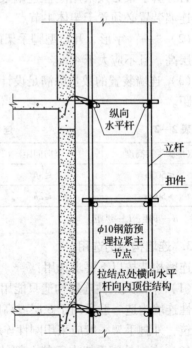

图 2—12　常规刚性连墙装置　　　　图 2—13　柔性连墙装置

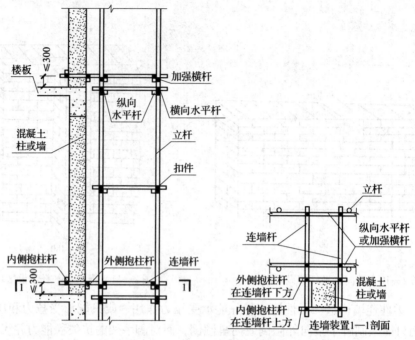

图 2—14　安装式刚性连墙装置

（1）当脚手架高度在 24 m 以下时，可以采用柔性连墙装置；当脚手架高度在 24 m 以上时，脚手架必须采用刚性连墙装置；当补设连墙装置时，采用安装式刚性连墙装置。连墙装置必须置于架体主节点。

（2）"一"字形、开口型脚手架的两端必须设置连墙装置，垂直间距不应大于建筑物的层高，且不应大于 4 m。

（3）连墙装置的数量除满足设计参数之外，还应符合表 2—2 规定的连墙件布置最大间距。

表 2—2　　　　　　　　　　连墙件布置最大间距

双排脚手架高度	竖向间距	水平间距	单根连墙装置覆盖面积（m²）
≤50 m	≤3h	≤3l_a	≤40
>50 m	≤2h	≤3l_a	≤27

注：h—步距；l_a—纵距。

3. 连墙构造的选用

连墙构造按以下要求选用：

（1）单拉式柔性连墙构造只能用于 3 层以下或高度不超过 10 m 的房屋建筑；拉顶式柔性连墙构造一般只用于 6 层或高度不超过 20 m 的房屋建筑；7 层或高度大于 20 m 的建筑，外脚手架一般应采用刚性连墙构造。

（2）高层外脚手架由于其上部的荷载较小，连墙件的主要作用是抵抗倾覆，即承受水平力的轴拉和轴压作用；而下部的荷载较大，连墙件的主要作用是加强脚手架的抗失稳承载能力。在分界面以下必须使用刚性连墙构造，在分界面之上可以使用拉顶式柔性连墙构造。

（3）根据连墙点设计位置的设置条件选用适合的连墙构造形式。

4. 连墙构造设置的注意事项

（1）确保杆件间的连接可靠。扣件必须拧紧；垫木必须夹持稳固、避免脱出。

（2）装设连墙件时，应保持立杆的垂直度要求，避免拉固时产生变形。

（3）当连墙件轴向荷载（水平力）的计算值大于 6 kN 时，应增设扣件以加强其抗滑动能力。特别是在遇有强风袭来之前，应检查和加固连墙措施，以确保架子安全。

（4）连墙构造中的连墙杆或拉筋应垂直于墙面设置，并呈水平位置或稍可向脚手架一端倾斜，但不容许向上翘起，如图 2—15 所示。

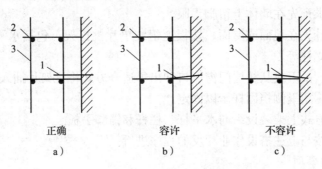

图 2—15　连墙杆的构造

a）连墙杆水平设置　b）连墙杆稍向下斜　c）连墙杆上翘

1—连墙杆　2—横向水平杆　3—立柱

四、扣件式钢管脚手架的挑探构造

挑探构造一般在以下情况或部位使用：搭设单层挑脚手架，挑扩作业面，适应有阳台、挑篷及其他突出墙面构造情况下的脚手设置要求，设置部分卸载装置及搭设特殊形式（如上扩形、梯阶形等）的脚手架等，其构造形式可归纳为以下几种：

1. 附墙和洞口挑探作业架

附墙和洞口挑探作业架的构造多为明确的拉、支杆体系，其构造形式、搭拆和使用要求分述于下。

（1）附墙的单层挑探作业架构造形式，如图2—16 所示。

1）应用范围。主要用作局部修缮作业架、檐口外装修架，以及不设置其他形式外脚手架而外墙又有局部装修和施工作业的情况。

2）构造要求

①水平拉杆外端应有 1～2 cm 的向上翘起，以

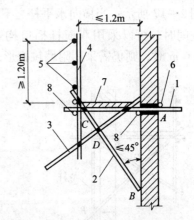

图 2—16　简单挑探单层作业架

1—横向水平杆（拉杆）　2—斜支杆
3—斜构造杆　4—栏杆立柱　5—栏杆
6—挡固杆　7—脚手板
8—纵向水平杆

避免受载后外端下垂。

②斜支杆与墙面的夹角应不大于 45°。

③栏杆立柱应与斜支杆、构造斜杆可靠扣接并保持垂直。

④构造斜杆是构架所必需的，而且具有缩短斜支杆受压计算长度的作用，绝对不能缺少。

⑤斜支杆底部必须可靠地顶于墙面、脚手眼或墙面凸出的构造上。

⑥所有连接扣件必须可靠拧固。

3）搭设注意事项。搭设作业架时，必须确保搭设作业的安全，其操作步骤一般为：

①按设置要求预先在墙体上留脚手眼。

②按构造设计先在地面或屋面、楼板上组装单片挑探架，包括水平拉杆、斜支杆、斜构造杆和栏杆立柱等。

③利用吊升、吊下或从楼层门窗洞口伸出等适合方式将挑架片插入墙体，调好位置并与墙面垂直后，用里侧挡固杆予以固定。

④以安全的方式上架装设纵向水平杆、栏杆和铺脚手板。

⑤拆除作业按与上述搭设作业相反的程序进行。

4）使用注意事项

①必须设置安全上下架通道或相应措施。

②对于轻型作业架，施工荷载不得超过 2 kN/m²。

③架子外侧必须设置可靠的安全防护，单段挑架应三面设置防护。

（2）从洞口伸出的单层挑探作业架。从门窗洞口伸出单层挑探构造，其构造的形式取决于作业层面下横向水平杆在洞口内所处的高度位置。当处于洞口的上部，其下有足够的空间使斜支杆可以进入室内并支承于楼板之上时，可采取简单的拉支杆构造，如图 2—17 所示；当横向水平杆之下无足够空间使斜支杆伸入室内，但有不小于 0.6 m 的空间时，可以采用双横杆插口构造，如图 2—18 所示；当横向水平杆下的空间小于 0.6 m 时，则仍需采用附墙挑探形式。

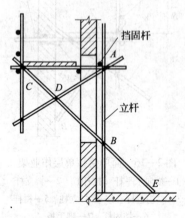

图 2—17　洞口单层挑探作业架

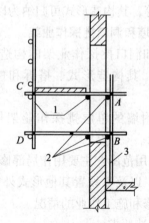

图 2—18　单层插口作业架

1—纵向水平杆　2—挡固平杆　3—立杆

应用范围和构造要求同附墙挑探作业架。由于有洞口和室内操作条件，搭设时可根据安全和方便的要求采用适合的构架程序。

2. 脚手架局部凸出做法（见图2—19和图2—20）

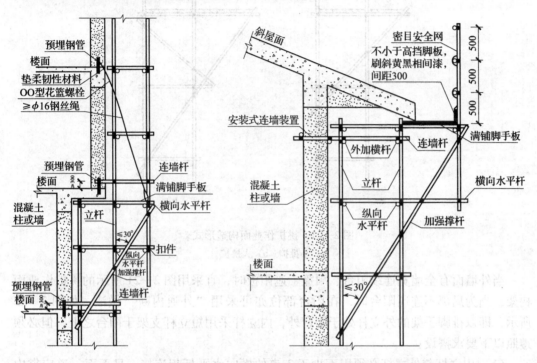

图2—19 脚手架中部凸出做法　　　图2—20 檐口部位脚手架凸出做法

（1）图2—19和图2—20仅适用于脚手架局部凸出的情况，包括脚手架顶部檐口部位和脚手架高度方向上中部凸出面积小于6 m×6 m且向外凸出的尺寸不大于脚手架内外排间距的情况。若不符合上述两种情况，则需要采用悬挑结构或另外架设落地支撑。此外，图中不涉及凸出部位的结构混凝土模板支撑做法。

（2）脚手架高度方向上中部凸出部位上方内收时脚手架立杆底端落在结构面上的，应对楼面承载力进行验算。

（3）钢丝绳下端必须缠绕在架体主节点上并兜住大横向水平杆，上端兜住在上方的预埋钢管根部，采用OO型花篮螺栓调节，使各绳张力均匀。

（4）斜屋面周边的栏杆高度不小于1.5 m，并加挂安全立网。

3. 挑扩作业面

在不采取斜支加强构造的情况下，脚手架横向水平杆伸出立杆之外的长度不得大于600 mm，允许铺两块脚手板，但只允许靠立杆的一块脚手板有施工荷载（站人或放材料）。当遇有阳台、挑篷及其他突出墙面构造的限制、使内立杆距外墙面不小于600 mm时，应视操作的需要采用挑探构造扩宽作业层面。

挑扩作业面的构造形式，如图2—21所示。

单元
2

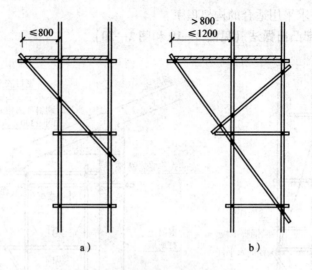

图 2—21　挑扩作业面构造形式
a）小挑扩　b）大挑扩

当外墙面有全墙宽连续阳台、雨篷、遮阳板时，宜采用图 2—21 所示的挑扩作业面构架；当为局部不连通阳台时，在阳台部位亦可采用"外通内断"做法，如图 2—22 所示，即双排脚手架的外立杆处于阳台外，内立杆采用短立杆支架于阳台之上，但必须遵照以下要求搭设：

（1）内立杆与外立杆必须用不少于 3 道的横向水平杆相连接，且下面一道应靠内立杆底部设置。

（2）每一个阳台处必须设置 1 个连墙件（可用 1~2 根适当长度的横向水平杆伸入室内、按相应连墙构造搭设）。

（3）在阳台外边加设可调钢立柱或 50 mm × 100 mm 方木立柱支顶，支柱间距应不大于 4 m，且作业层阳台之下连续支顶不少于 3 层。

（4）纵向水平杆应沿全墙宽连续设置，以加强构架的整体性。在确定构架的步距时，应照顾到这一要求。

（5）杆件连接必须可靠。内立杆的底部可加设宽木垫板，但不允许用砖支垫。

五、局部卸载构造

当需要搭设高度超过 50 m 的脚手架时，自架高 30 m 起，可采用局部卸载装置，将其上的部分荷载传给工程结构，以确保脚手架使用的安全。局部卸载构造的形式如图 2—23 所示。

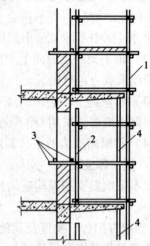

图 2—22　局部"外通内断"构造
1—外立杆　2—内立杆　3—连墙杆
4—支柱（连支 3 层）

单元 2

1. 构造要求和注意事项

（1）设拉支点的 A_1A_2 杆应处在楼板位置并与楼板顶紧。

（2）按卸荷构造设置的高度要求（可设在架高 30 m 的上下各 1 个楼层高度的范围内），自 A_1A_2 杆起向下均排步距。

（3）拉杆可使用两端带可靠弯钩的、装有花篮螺栓的圆钢拉杆，其抗拉能力应与支撑杆相适应，上端支挂点 E 按结构情况及其适合的承载方式和能力采用一根一点、两根一点或四根一点。

（4）当 A_1A_2 杆的轴力较大时，可采用双杆。

（5）结构支承点的设置应安全可靠。

2. 脚手架卸荷装置（见图2—24）

（1）当脚手架高度超过 50 m 时，应考虑对架体采取卸荷措施，卸荷次数和设置位置由施工方案决定。

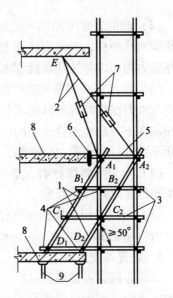

图2—23 局部卸载构造
1—支杆 2—拉杆 3—横向加强杆
4—纵向拉结杆 5—顶杆 6—垫板
7—花篮螺栓 8—框架梁或楼板
9—支柱（需要时）

单元
2

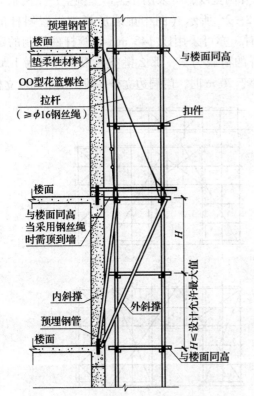

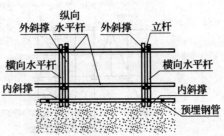

图2—24 脚手架卸荷装置

（2）卸荷装置中提供向上分力的钢丝绳，下端必须缠绕在架体主节点上并兜住纵向和横向水平杆，上端兜住在上方的预埋钢管根部，采用OO型花篮螺栓调节使各条钢丝绳张力均匀，并达到设计要求。

（3）斜撑杆必须采用扣件固定在架体主节点下方的立杆上，内外斜撑杆夹住立杆，必要时外斜撑杆与内立杆交叉处加设扣件连接，减小斜撑杆长细比。斜撑杆底部采用扣件固定在下方预埋钢管外侧的横杆上，便于调整斜撑杆位置，且避免钢管直接顶住混凝土面导致管口边缘受力后破坏，失去支撑作用。

（4）当采用斜撑杆时，必须设置钢管拉杆或斜拉钢丝绳平衡斜撑杆向外的分力，以免架体在此处向外变形。

（5）当仅采用斜拉钢丝绳提供向上的卸荷力时，应将此处外架主节点的横向水平杆向内顶住建筑结构，以免架体在此处向内变形。

3. 设置和使用要求

局部卸载装置必须经过严格的设计验算，搭设完毕后，应将全部卸载装置都调整到支顶杆顶紧（用加垫背楔）和拉杆绷紧（拧紧花篮螺栓）的状态，以使其能起到卸载的要求。

六、门洞构造

外脚手架需要开设通道门洞时，根据开洞宽度，可采用在洞口上挑空一至两根立杆并相应增加斜杆加强的构造方式，如图2—25所示（图中虚线所指为设置斜杆的平面）。当门洞较宽，需挑空两根以上立杆时，亦可采用以 $\phi48$ mm 钢管杆件焊制的定型梁。洞边立杆承载较大，如果非洞边立杆的荷载为N，那么挑空一根立杆时为1.5 N，挑空两根立杆时为2 N。因此，当架高不小于20 m时，门洞边立杆一般需要采用双立杆。

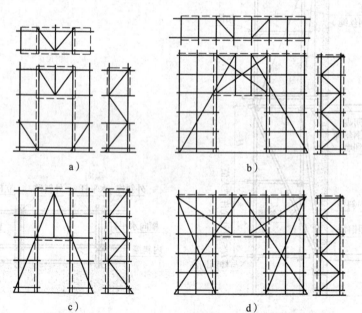

a) b)

c) d)

图2—25 门洞构造

脚手架门洞加固如图2—26所示。

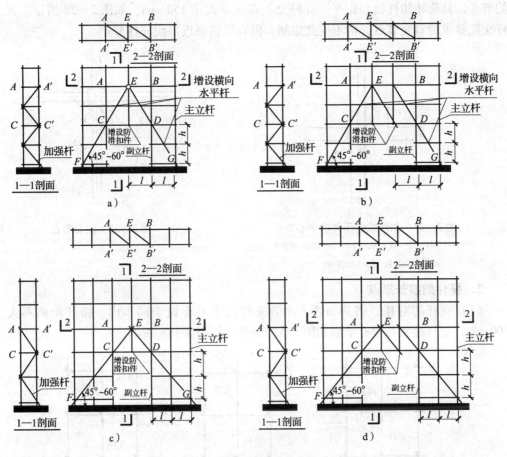

图2—26　脚手架门洞加固

a) $l > h$ 时两跨宽门洞　b) $l > h$ 时三跨宽门洞　c) $l < h$ 时两跨宽门洞　d) $l < h$ 时三跨宽门洞

（1）当脚手架门洞宽度大于等于两跨时，应采取加固措施。

（2）门洞包括地面安全出口和脚手架中部的各类门洞。

（3）门洞两侧内外排脚手架必须设置副立杆。

（4）在图中 ABCDFG 空间桁架节间均设一根斜腹杆。当斜腹杆在一跨内跨越两个步距时，宜在相交的纵向水平杆处增设一根水平杆，将斜腹杆固定在其伸出端上。

七、节点构造

1. 交汇杆件节点

（1）正交节点。立杆与纵向水平杆或横向水平杆的正交节点采用直角扣件。对于由立杆、纵向水平杆和横向水平杆组成的节点，当脚手板铺于横向水平杆之上时，立杆应与纵向水平杆连接，横向水平杆置于纵向水平杆之上（贴近立杆）并与纵向水平杆连接，如图2—27所示；当脚手板铺于纵向水平杆之上时，横向水平杆与立杆连接，纵向水平杆与横向水平杆连接；无铺板要求时，可视情况确定。

（2）斜交节点。杆件之间的斜交节点采用旋转扣件。凡由平杆、立杆和斜杆交汇的节点，其旋转扣件轴心距平、立杆交汇点应不大于 150 mm，如图 2—28 所示。无三杆交汇要求的斜交节点，可不受此限制，但宜尽量靠近平面杆件节点。

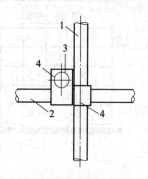 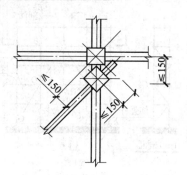

图 2—27　扣件式脚手架的中心节点　　　　图 2—28　斜交节点
1—立杆　2—纵向水平杆　3—横向水平杆
4—直角扣件

2. 杆件的接长接点

（1）立杆的对接。错开布置，相邻立杆接头不得设于同步内，错开距离不大于 500 mm，立杆接头与中心节点相距不大于 $h/3$，如图 2—29 所示。

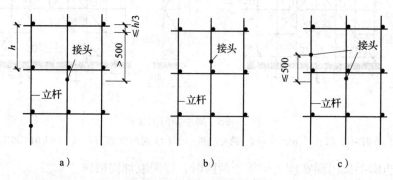

图 2—29　立杆接头的作用
a）正确做法　b）、c）错误做法（不容许）

（2）立杆的搭接。为了满足立杆的设计高度要求，可采用立杆搭接方式，用旋转扣件连接，扣件间距不小于 300 mm 且不大于 500 mm，搭接长度不得小于 800 mm，连接（扣件）不得少于 3 道，如图 2—30 所示。斜杆和剪刀撑的搭接做法同立杆，一般只采用图 2—30a 所示的形式。

（3）单、双立杆连接。高层建筑脚手架下部采用双立杆，上部为单立杆的连接形式有两种：

1）并杆。主、辅立杆间用旋转扣件连接，底部需要采用双杆底座（加工件），如图 2—31 所示。

2）不并杆。主、辅立杆中心距为 150~300 mm，在搭接部位增设纵向水平杆连接加强，如图 2—32 所示。

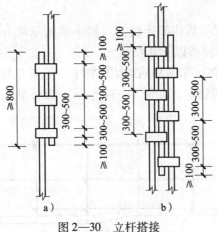

图2—30　立杆搭接

a）单杆搭接　b）双杆搭接

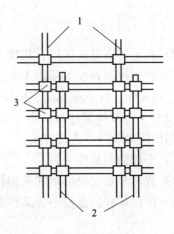

图2—31　并杆的单、双立杆连接

1—主立杆　2—辅立杆　3—旋转扣件

图2—32　不并杆的单、双立杆连接

1—主立杆　2—辅立杆　3—直角扣件

（4）平杆的接长。平杆（主要是纵向水平杆）的接长一般应采用对接，对接接头应错开，上下邻杆接头不得设在同跨内，相距不小于500 mm，且应避开跨中，如图2—33所示。

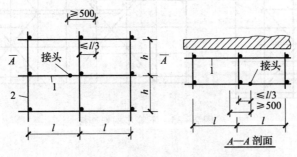

图2—33　纵向水平杆的对接构造

1—纵向水平杆　2—立杆

3. 不等高构架连接

（1）基地不等高情况下的构架连接。当脚手架的基地有坡面、错台、坑沟等不等高情况时，其构架连接应注意以下几点：

1）立杆底端必须落在可靠的基地或结构物上，若遇土坡，则应离开坡上沿不小于500 mm，以确保立杆基底稳定，如图2—34所示；无可靠基地部位可采用前述洞口构造、悬空一至两根立杆。

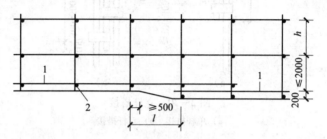

图2—34 纵横向扫地杆构造
1—纵向扫地杆 2—横向扫地杆

2）在不等高基地区段，相接上扫地杆应至少向下扫地杆方向延伸一跨固定。

3）严格控制首步架步距不大于2 000 mm，否则应增设纵向水平杆及相应的横向水平杆，以确保立杆承载稳定和操作要求。

（2）不等步构架连接。由于工程结构和施工要求，必须搭设不同步脚手架时，其交接部位应采取以下连接方式：

1）平杆向前延伸一跨。

2）视需要在交接部增加或加强剪刀撑设置。

3）增设梯杆，方便不等高作业层间的通行联系，如图2—35所示。

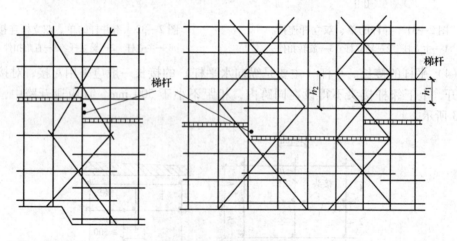

图2—35 不等步构架连接

第二节 扣件式钢管脚手架的安全防护及立杆基础构造

培训目标

→ 掌握扣件式钢管脚手架架体的安全防护

→ 立杆地基和基础构造

一、扣件式钢管脚手架架体的安全防护

1. 安全管理相关规定

（1）当脚手架高度在 24 m 以上时，不得采用竹脚手架。

（2）扣件式钢管脚手架的扣件螺栓拧紧力矩为 40 ~ 65 N·m。

（3）脚手架体系在施工前必须由项目技术负责人对专职安全质量管理人员、施工员和施工班组人员进行技术交底，书面明确施工技术安全质量要求之后，方可由施工员指导施工班组开始施工。

（4）以下相关分部分项工程属于危险性较大的工程，必须在施工前编制专项方案并严格依据审批后的方案施工。

1）搭设高度在 24 m 及以上的落地式钢管脚手架工程。

2）附着式整体和分片提升脚手架工程。

3）悬挑式脚手架工程。

4）吊篮脚手架工程。

5）自制卸料平台、移动操作平台工程。

6）新型及异型脚手架工程。

2. 脚手架架体防护（见图 2—36 至图 2—38）

（1）水平杆在垂直方向上最大间距由设计决定，应该在设计允许垂直间距的范围内调整水平杆的安装位置，使安装后的水平杆与楼面高差在 100 mm 以内。

（2）横向水平杆一端应尽量靠近楼面，当间隙大于 150 mm 时，应另行加设钢管铺板或采用安全网封住缺口。

（3）作业层必须满铺脚手板、外侧设挡脚板。若未做到每层满铺脚手板，则从二层起，向上每隔 10 m 设 1 层安全网或脚手板。

（4）架体外排钢管内侧必须满挂密目式安全网，绑扎安全网的镀锌铁丝直径不应小于 1 mm。

（5）无论何种情况，脚手架最高处的纵向水平杆必须高于作业面 1.2 m 当为斜屋面时，必须高于作业面 1.5 m。

（6）脚手板下支撑钢管间距不应大于 1 m。不应采用竹笆板作为脚手板材料。

单元 2

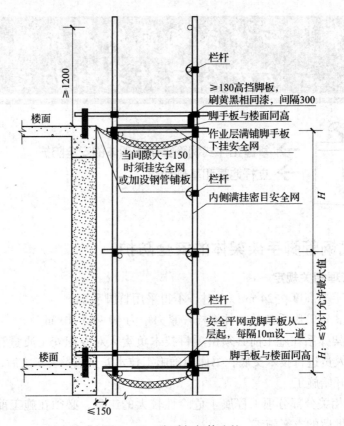

图2—36 脚手架架体防护

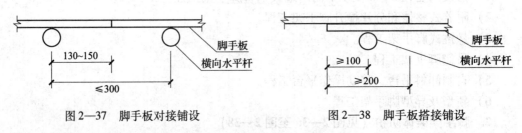

图2—37 脚手板对接铺设   图2—38 脚手板搭接铺设

3. 施工电梯和物料提升机的楼层门制作

（1）楼层门各部位应可靠焊接，并除锈刷防锈漆，外涂红色面漆、框架红白漆相间300 mm。应设安全标志和白色标语，如图2—39所示。

（2）对楼层门的使用必须严格管理，司机必须负责做到：门未关好，司机不得启动电梯或物料提升机；电梯或物料提升机未停靠，严禁开门；通过后，必须关门上锁。施工人员违反上述规定，司机必须向项目管理人员报告。

（3）可根据现场要求改为内侧不能开锁的形式：取消手柄下方25 mm×4 mm扁钢、钢丝网直接与35 mm×4 mm扁钢焊接，手柄不向内伸出。

4. 施工电梯和物料提升机的楼层门和通道安装搭设

（1）在各个通道两侧必须采用钢管预埋件与建筑结构进行刚性连接，高度在24 m以上的楼层通道架两侧须设钢丝绳作为安全措施，通道下纵向水平杆与立杆间用双扣件

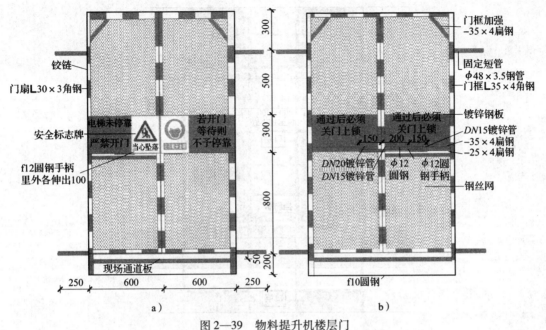

图 2—39　物料提升机楼层门

a) 物料提升机楼层门内侧立面图　　b) 物料提升机楼层门外侧立面图

防止通道横杆下滑。固定架与外脚手架之间不应连接，外脚手架断开位置应做补强加固，如图 2—40 所示。

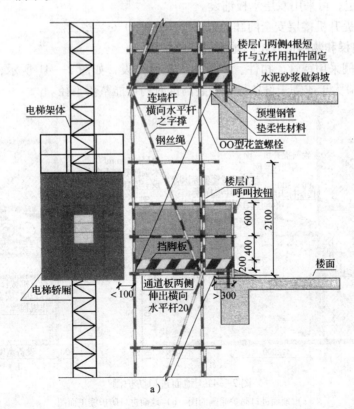

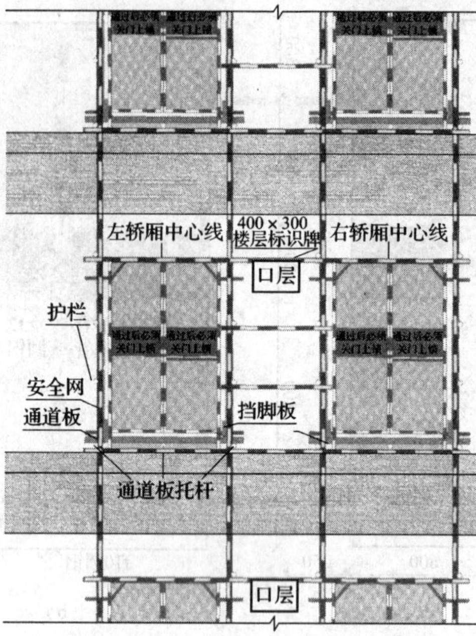

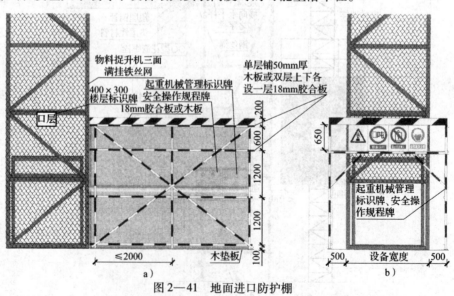

图2—40　楼层门和通道安装

a）楼层门和通道安装侧立面图　b）楼层门和通道安装正立面图

（2）楼层门四角的钢管必须全部用直角扣件固定在架内排钢管内侧。通道板必须牢固并可靠固定，可采用双层木板铺设。

（3）物料提升机楼层安全门和通道参照图2—40安装搭设。

5.　施工电梯和物料提升机的地面进口防护棚

（1）防护棚采用钢管、扣件、木板和安全网搭设，如图2—41所示，在进出方向上的伸出长度应大于或等于设备最大安装高度时的可能坠落半径。

图2—41　地面进口防护棚

a）地面进口防护棚侧面图　b）地面进口防护棚正面图

（2）棚内设置起重设备管理标识牌和安全操作规程牌，以及安全标识牌。

二、立杆地基和基础构造

立杆的地基和基础构造可按表2—3的要求处理；当土质等情况与表不符合时，可按前述地基计算规定进行设计和验算。搭设在楼面上的脚手架。其立杆底端亦应设底座或垫板，并根据立柱集中荷载进行楼面结构验算。

表2—3   立杆地基和基础构造

搭设高度 H	地基土质		
	中、低压缩性且压缩性均匀	回填土	高压缩性或压缩性不均匀
≤24 m	夯实原土，立杆底座置于面积不小于0.075 m²垫块、垫木上	土夹石或灰土回填夯实，立杆底座置于面积不小于0.10 m²的混凝土垫块或垫木上	夯实原土，铺设宽度不小于200 mm的通长槽钢或垫木
25~35 m	垫块、垫木面积不小于0.1 m²，其余同上	夹砂石回填夯实，其余同上	夯实原土，铺厚度不小于200 mm砂垫层，其余同上
36~50 m	垫块、垫木面积不小于0.15 m²或铺通专槽钢或木板，其余同上	砂夹石回填夯实，垫块或垫木面积不小于0.15 m²或铺通专槽钢或木板	夯实原土，铺150 mm厚道渣夯实，再铺通长槽钢或垫木，其余同上

注：表中混凝土垫块厚度不小于200 mm；垫木厚度不小于50 mm。

脚手架地基、基础和扫地杆设置如图2—42至图2—44所示。

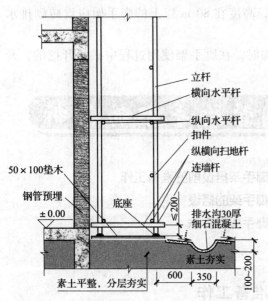

图2—42 高度24 m以下脚手架基础

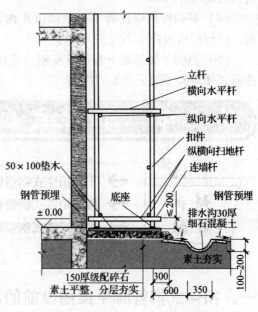

图2—43 高度24~50 m脚手架基础

单元
2

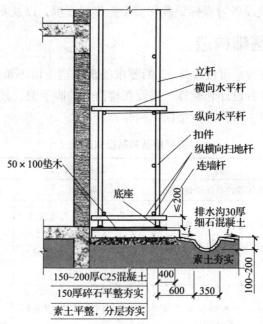

图2—44　高度50 m以上脚手架基础

（1）基础形式必须根据土质和雨水情况决定，本图仅表示通常情况。脚手架搭设在楼面上时，应对楼面承载力进行验算。

（2）为了形成稳固的支撑，脚手架底部必须设置纵、横向扫地杆（纵上横下），并从底部第一步水平杆（扫地杆）开始设置连墙杆。

（3）立杆底部应设垫木或配套的底座，且不得悬空。脚手架地基或基础应高于周边自然地坪50 mm。

（4）基础外侧应设脚手架基础排水沟，高度在80 m以上的脚手架应设砖砌排水沟。外侧的地表排水不宜进入排水沟。

（5）当脚手架基础下有设备基础、管沟时，在脚手架使用过程中必须开挖的，开挖前必须对脚手架采取加固措施。

第三节　扣件式钢管脚手架的搭拆

→ 了解扣件式钢管脚手架搭设前的准备工作
→ 掌握扣件式钢管脚手架的搭设
→ 掌握扣件式钢管脚手架的拆除

一、扣件式钢管脚手架搭设前的准备工作

（1）按专项施工方案向施工人员进行交底。

（2）按相关的规定和脚手架专项施工方案要求对钢管、扣件、脚手板、可调托撑等进行检查验收，不合格产品不得使用。经检验合格的构配件应按品种、规格分类，堆放整齐、平稳，堆放场地不得有积水。

（3）清除搭设场地杂物，平整搭设场地，并应使排水畅通。

（4）脚手架基础下有设备基础、管沟时，在脚手架使用过程中不应开挖，否则应当采取加固措施。

二、扣件式钢管脚手架的搭设

单、双排脚手架必须配合施工进度搭设，一次搭设高度不应超过相邻连墙件以上两步；当超过相邻连墙件以上两步无法设置连墙件时，应采取撑拉固定等措施与建筑结构拉结。每搭完一步脚手架后，应按相关的规定校正步距、纵距、横距及立杆的垂直度。

脚手架搭设的具体顺序为：放线→安置垫板或垫木等→摆放纵向扫地杆→逐根竖立站杆同扫地杆扣紧→安装横向扫地杆→安装第一步纵向、横向水平杆→安装第二步纵向、横向水平杆→支设临时抛撑（与第二步纵向水平杆扣紧）→安装第三步、第四步脚手架单元→设置连墙件→安装横向斜撑→接立杆→架设剪刀撑→铺脚手板、挡脚板、安装护身栏杆、挂安全网。

1. 放线定位、安置底座或垫块

脚手架的放线定位应根据立柱的位置进行。脚手架的立柱不能直接立在地面上，立柱下必须加设底座或垫块。底座安放应符合下列要求：

（1）底座、垫板均应准确地放在定位线上。

（2）普通脚手架。垫块宜采用长 $2.0 \sim 2.5$ m，宽不小于 200 mm，厚 $50 \sim 60$ mm 的木板，垂直或平行于墙横放置，在外侧挖一浅排水沟，如图 2—45 所示。

（3）高层建筑脚手架。在夯实的地基上加铺混凝土层，其上沿纵向铺放槽钢，将脚手架立杆底座置于槽钢上，如图 2—46 所示。

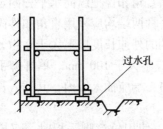

图 2—45　普通脚手架基底

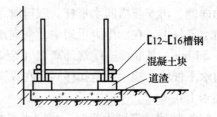

图 2—46　高层建筑脚手架基底

2. 立杆搭设

脚手架开始搭设立杆时，应每隔 6 跨设置一根抛撑，直至连墙件安装稳定后，方可根据情况拆除。当架体搭设至有连墙件的主节点时，在搭设完该处的立杆、纵向水平杆、横向水平杆后，应立即设置连墙件。

脚手架立杆的对接接头要求如下：

（1）两根相邻立杆的接头不得设置在同步内，且接头的高差不小于 500 mm。

（2）各接头中心至主节点的距离不宜大于步距的1/3。

（3）同步内隔一根立杆，两相隔接头在高度方向上错开的距离（高差）不得小于500 mm。

3．纵向、横向水平杆的搭设

立杆搭设的同时，要及时搭设第一、二步纵向水平杆和横向水平杆，以及临时抛撑或连墙杆，以防架子倾倒。

（1）脚手架纵向水平杆的搭设应符合下列要求：

1）脚手架纵向水平杆应随立杆按步搭设，并应采用直角扣件与立杆固定。

2）纵向水平杆的搭设应符合相关的规定。

3）在封闭型脚手架的同一步中，纵向水平杆应四周交圈设置，并使用直角扣件与内外角部立杆固定。

（2）脚手架横向水平杆搭设应符合下列要求：

1）双排脚手架横向水平杆的靠墙一端至墙装饰面的距离不应大于100 mm。

2）单排脚手架的横向水平杆不应设置在下列部位：

①设计上不允许留脚手眼的部位。

②过梁上与过梁两端成60°角的三角形范围内及过梁净跨度1/2的高度范围内。

③宽度小于1 m的窗间墙。

④梁或梁垫下及其两侧各500 mm的范围内。

⑤砖砌体的门窗洞口两侧200 mm和转角处450 mm的范围内，其他砌体的门窗洞口两侧300 mm和转角处600 mm的范围内。

⑥墙体厚度小于或等于180 mm。

⑦独立或附墙砖柱，空斗砖墙、加气块墙等轻质墙体。

⑧砌筑砂浆强度等级小于或等于M2.5的砖墙。

（3）使用冲压钢等脚手板时，纵向、横向水平杆的安装要求。使用冲压钢脚手板、木脚手板、竹串片脚手板时，应先安装纵向水平杆。用直角扣件把纵向水平杆固定在立杆的内侧，再安装横向水平杆。双排脚手架的横向水平杆两端均应采用直角扣件固定在纵向水平杆上。在双排脚手架中，横向水平杆靠墙一端的外伸长度应不大于0.4l，且不小于50 mm，其靠墙一端端部离墙（装饰面）的距离应不大于100 mm。单排脚手架的横向水平杆的一端用直角扣件固定在纵向水平杆上，另一端应插入墙内，其插入长度不应小于180 mm。

（4）使用竹笆脚手板时，横向水平杆的安装要求。使用竹笆脚手板时，双排脚手架的横向水平杆两端应使用直角扣件固定在立杆上；单排脚手架的横向水平杆的一端应使用直角扣件固定在立杆上，另一端应插入墙内，插入长度亦不应小于180 mm。

4．纵、横向扫地杆的搭设

脚手架必须设置纵、横向扫地杆。根据脚手架的宽度摆放纵向扫地杆，然后将各立杆的底部按规定跨距与纵向扫地杆用直角扣件固定，并安装好横向扫地杆。扫地杆距地面高度不得大于20 cm，横向扫地杆应使用直角扣件固定在纵向扫地杆下方的立杆上或者紧贴着立杆固定在纵向扫地杆下侧。

当立杆基础不在同一高度时，必须将高处的纵向扫地杆向低处延伸两跨并同立杆固定，高低差不应大于 1 m。靠边坡上方的立杆轴线到边坡的距离不应小于 500 mm，脚手架底层步距不应大于 2 m。

5. 连墙件的安装

当脚手架施工操作层高出连墙件两步时，应采取临时稳定措施，直到上一层连墙件搭设完后方可根据情况拆除。连墙件有刚性连墙件和柔性连墙件两种方式。

（1）脚手架连墙件安装。脚手架连墙件安装应符合下列要求：

1）连墙件的安装应随脚手架搭设同步进行，不得滞后安装。

2）当单、双排脚手架施工操作层高出相邻连墙件以上两步时，应采取确保脚手架稳定的临时拉结措施，直到上一层连墙件安装完毕后再根据情况拆除。

（2）脚手架刚性连墙件做法。钢管短管与全现浇剪力墙结构、砖混结构的连接，在墙体上的窗口内外设置垂直于窗口的短管，将水平短管（连墙件）同内外设置的垂直短管用直角扣件连接，内外设置的垂直短管应比窗口长出 300 mm，以满足受力要求。

扣件主要起到抵抗水平力的作用，也就是常说的抗滑移。连接扣件的数量应根据设计计算来确定。当窗口上布置的连墙件不能满足施工需要时，剪力墙或砖墙也可在墙体上预留洞口穿短管来固定连墙件。剪力墙刚性连墙件和窗口处刚性连墙件如图 2—47 和图 2—48 所示。

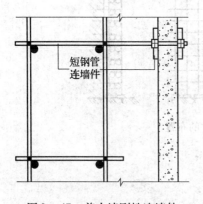

图 2—47 剪力墙刚性连墙件

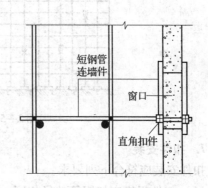

图 2—48 窗口处刚性连墙件

（3）脚手架柔性连墙件做法。连墙件的拉接和顶撑必须配合使用。其中，拉筋用 $\phi6$ mm 钢筋或 $\phi4$ mm 的铅丝，用来承受拉力；顶撑用钢管和木楔，用以承受压力。具体做法如图 2—49 所示。

（4）脚手架连墙件的设置形式。连墙件宜优先菱形布置，如图 2—50 所示，也可用方形或矩形布置。

6. 剪刀撑搭设

设置剪刀撑可增强脚手架的整体刚度和稳定性，提高脚手架的承载力。不论双排脚手架还是单排脚手架，均应设置剪刀撑。剪刀撑的搭设应与立杆、纵向水平杆、横向水平杆的搭设同步进行。

单元
2

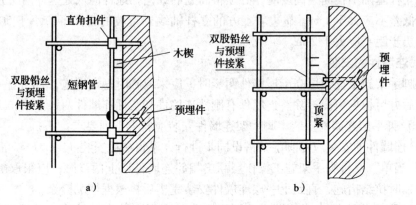

图 2—49　柔性连墙件
a) 单排架　b) 双排架

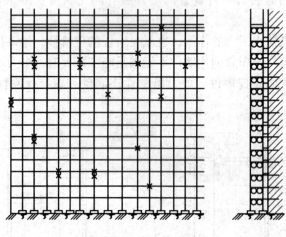

图 2—50　连墙件的布置

7. 扣件安装

扣件安装应符合下列要求：

（1）扣件规格应与钢管外径相同。

（2）螺栓拧紧力矩不应小于 40 N·m，且应不大于 65 N·m。

（3）在主节点处固定横向水平杆、纵向水平杆、剪刀撑、横向斜撑等用的直角扣件、旋转扣件的中心点的相互距离应不大于 150 mm。

（4）对接扣件开口应朝上或朝内。

（5）各杆件端头伸出扣件盖板边缘的长度不应小于 100 mm。

8. 栏杆和挡脚板搭设

作业层、斜道的栏杆和挡脚板的搭设应符合下列要求：

（1）栏杆和挡脚板均应搭设在外立杆的内侧。

（2）上栏杆上皮高度应为 1.2 m。

（3）挡脚板高度不应小于 180 mm。

（4）中栏杆应居中设置。

9. 脚手板的铺设

脚手板应铺满、铺稳，离墙面的距离不应大于 150 mm。采用对接或搭接时均应符合相关的规定；脚手板探头应采用直径为 3.2 mm 的镀锌钢丝固定在支承杆件上。在拐角、斜道平台口处的脚手板，应采用镀锌钢丝固定在横向水平杆上，以防止滑动。

（1）作业层上脚手板铺设宽度。作业层上脚手板的铺设宽度除考虑材料临时堆放的位置外，还需考虑手推车的行走，其铺设的宽度可参考表 2—4。

表 2—4   脚手板的铺设宽度

行车情况	结构脚手架	装修脚手架
没有小车	≥1.0 mm	≥0.9 mm
车宽≤600 m	≥1.3 mm	≥1.2 mm
车宽 900~1 000 mm	≥1.6 mm	≥1.5 mm

（2）竹串片板的铺设。铺设竹串片板时，脚手板应铺设在三根横向水平杆上，如图 2—51 所示。铺设时可采用对接平铺，亦可采用搭接。

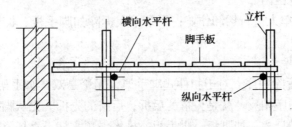

图 2—51　竹串片板的铺设

（3）竹笆脚手板的铺设。铺设竹笆脚手板时，将脚手板的主竹筋垂直于纵向水平杆方向，采用对接平铺，四个角应用 ϕ1.2 mm 镀锌钢丝固定在纵向水平杆上，如图 2—52 所示。

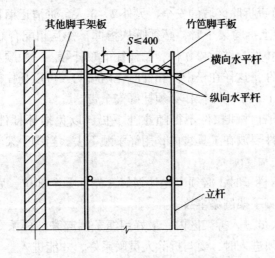

图 2—52　竹笆脚手板的铺设

三、扣件式钢管脚手架的拆除

1. 脚手架拆除的施工准备和安全防护措施

（1）准备工作。脚手架拆除作业的危险性大于搭设作业，在进行拆除工作之前，必须做好准备工作：

1）当工程施工完成后，必须经单位工程负责人检查验证，确认脚手架不再需要后，方可拆除。脚手架的拆除必须由施工现场技术负责人下达正式通知。

2）脚手架拆除应制定拆除方案，并向操作人员进行技术交底。

3）全面检查脚手架是否安全；对扣件式脚手架应检查脚手架的扣件连接、连墙件、支撑体系是否符合构造要求。

4）拆除前应清除脚手架上的材料、工具和杂物，清理地面障碍物。

5）制定详细的拆除程序。

（2）安全防护措施。脚手架拆除作业的安全防护要求与搭设作业时的安全防护要求相同：

1）拆除脚手架现场应设置安全警戒区域和警告牌，并派专人看管，严禁非施工作业人员进入拆除作业区内。

2）应尽量避免单人进行拆卸作业；严禁单人拆除如脚手板、长杆件等较重、较大的杆部件。

2. 脚手架的拆除

（1）脚手架的拆除顺序。对于扣件式脚手架，无论是双排脚手架还是单排脚手架，其拆除顺序与搭设顺序相反。就是先搭的后拆，后搭的先拆。先从脚手顶端拆起，拆除顺序为：安全网→护身栏→挡脚板→脚手板→排木→顺水杆→立杆→连墙杆→剪刀撑→抛撑。

（2）脚手架的拆除要求

1）拆除脚手架时至少要5~8人配合操作，3人在脚手架上拆除，2人在下配合拆除，1人指挥，1人负责拆除区域的安全，另外2~3人负责清运钢管。

2）3人在脚手架上拆除架子时，必须听从指挥，并互相配合好，拆除前3人要统一好思想，如谁先松扣件，谁后松扣件，怎样往下顺杆等。一般顺水杆要先松开两端头的扣件，后松中间扣件，这样在松中间扣件时，两端的人可以托住杆件，防止杆件在拆除时掉落，在脚手架上从事拆除操作必须挂好安全带。

3）所有拆下来的杆件和扣件不得随意往下扔，以免损坏杆件和扣件，甚至砸伤人。要求拆下来的扣件要放在工具袋内，用绳子顺下去。当脚手架较高时，拆下来的杆件可用绳子顺下去。

4）拆连墙杆和压栏子时，必须事先计划好，先拆哪个部位，后拆哪个部位，不得乱拆，否则容易发生脚手架倒塌事故。

5）禁止非拆除人员进入拆架区内，最好用绳子圈起来，再派专人负责看管，不让其他人进入。如果必须进入时，要与拆除人员联系好，才能进入。

6）拆下来的脚手架各杆件要随时清运到指定场地，按规格分类堆放整齐。各种扣

单元 **2**

件也要运至堆放地点。

7）脚手架拆除应自上而下逐层进行，严禁上、下同时作业。

8）严禁将拆卸下来的杆配件及材料从高空向地面抛掷，已经吊运至地面的材料应及时运出拆除现场，以保持作业区整洁。

（3）脚手架拆除注意事项

1）连墙件必须随脚手架逐层拆除，严禁先将连墙件整层或数层拆除后再拆脚手架杆件。

2）如部分脚手架需要保留而采取分段、分立面拆除时，对不拆除部分脚手架的两端必须设置连墙件和横向斜撑。连墙件垂直距离不大于建筑物的层高，并不大于两步（4 m）。横向斜撑应自底层至顶层呈"之"字形连续布置。

3）脚手架分段拆除高差不应大于两步，如果高差大于两步，应增设连墙件加固。

4）当脚手架拆至下部最后一根立杆高度（约6.5 m）时，应在适当位置先搭设临时抛撑加固后，再拆除连墙件。

5）拆除立杆时，把稳上部，再松开下端的联结，然后取下。

6）拆除水平杆时，松开联结后，水平托举取下。

3. 脚手架料具的保管与维护

为了提高脚手架料具的利用率，必须重视它的保管和维护。

（1）钢管和扣件要分类堆放，最好堆放在棚仓内，如果没有条件，可堆放在露天场地，但堆垛必须用防水材料覆盖好，以防雨淋生锈。要求堆放场地平整，要加垫木堆放，并要排水畅通。扣件及螺栓要用木箱或草包等容器集中储存，以免丢失和生锈，弯曲的钢管应当用钢管校直机调直、除锈、上漆后再堆放。

（2）为了防止钢管生锈，要及时涂刷防锈漆。将钢管外壁彻底除锈后，涂刷一道防锈漆，在湿度较大地区应每年涂刷一次，其他地区可每隔两年涂刷一次。钢管内壁可每隔2~4年涂刷一次，每次涂刷两道。扣件和螺栓使用3~5年后，应除锈镀锌，当无条件镀锌时，可在每次使用后，用煤油清洗一次，再涂上机油防锈，但扣件内不准涂油。

单元
2

第四节　扣件式钢管脚手架的检查验收

→ 了解扣件式钢管脚手架的检查验收组织
→ 掌握扣件式钢管脚手架的检查验收依据
→ 掌握扣件式钢管脚手架的检查验收项目

一、扣件式钢管脚手架的检查验收组织

脚手架搭到设计高度后，应对脚手架的质量进行检查、验收，经检查合格者方可验收交付使用。高度24 m及以下的脚手架，应由单位工程负责人组织技术安全人员进行

检查验收。高度大于 24 m 的脚手架应由上一级技术负责人组织安全人员、单位工程负责人及有关的技术人员进行检查验收。

脚手架应在下列阶段进行检查验收：

（1）基础完工后及脚手架搭设前。

（2）作业层上施加荷载前。

（3）每搭设完 6~8 m 高度后。

（4）达到设计高度后。

（5）遇有 6 级及 6 级以上强风或大雨后，寒冷地区解冻后。

（6）停用超过一个月。

二、扣件式钢管脚手架的检查验收依据

扣件式钢管脚手架应根据下列技术文件进行检查、验收：

（1）专项施工方案及变更文件。

（2）技术交底文件。

（3）构配件质量检查表，见表 2—5。

表 2—5 构配件质量检查表

项目	要求	抽检数量	检查方法
钢管	应有产品质量合格证、质量检验报告	750 根为一批，每批抽取 1 根	检查资料
	钢管表面应平直光滑，不应有裂缝、结疤、分层、错位、硬弯、毛刺、压痕、深的划道及严重锈蚀等缺陷，严禁打孔；钢管使用前必须涂刷防锈漆	全数	目测
钢管外径及壁厚	外径 48.3 mm，允许偏差 ±0.5 mm 壁厚 3.6 mm，允许偏差 ±0.36 mm，最小壁厚 3.24 mm	3%	游标卡尺测量
扣件	应有生产许可证、质量检测报告、产品质量合格证、复试报告	《钢管脚手架扣件》（GB 15831—2006）规定	检查资料
	不允许有裂缝、变形、螺栓滑丝；扣件与钢管接触部位不应有氧化皮；活动部位应能灵活转动，旋转扣件两旋转面间隙应小于 1 mm；扣件表面应进行防锈处理	全数	目测
扣件螺栓拧紧扭力矩	扣件螺栓拧紧扭力矩值不应小于 40 N·m，且不应大于 65 N·m	按《建筑施工扣件式钢管脚手架安全技术规范》（JGJ 130—2011）8.2.5 条	扭力扳手

单元 2

项目	要求	抽检数量	检查方法
可调托撑	可调托撑抗压承载力设计值不应小于 40 kN，应有产品质量合格证、质量检验报告	3%	检查资料
	可调托撑螺杆外径不得小于 36 mm，可调托撑螺杆与螺母旋合长度不得少于 5 扣，螺母厚度不小于 30 mm。插入立杆内的长度不得小于 150 mm。支托板厚不小于 5 mm，变形不大于 1 mm。螺杆与支托板焊接要牢固，焊缝高度不小于 6 mm	3%	游标卡尺、钢板尺测量
	支托板、螺母有裂缝的严禁使用	全数	目测
脚手板	新冲压钢脚手板应有产品质量合格证		检查资料
	冲压钢脚手板板面挠曲 ≤ 12 mm（ $l ≤ 4$ m）或 ≤ 16 mm（ $l > 4$ mm）；板面扭曲 ≤ 5 mm（任一角翘起）	3%	钢板尺
	不得有裂纹、开焊与硬弯；新、旧脚手板均应涂防锈漆	全数	目测
	木脚手板材质应符合现行国家标准《木结构设计规范》（GB 50005—2003）中 II a 级材质的规定。扭曲变形、劈裂、腐朽的脚手板不得使用	全数	目测
	木脚手板的宽度不宜小于 200 mm，厚度不应小于 50 mm；板厚允许偏差为 -2 mm	3%	钢板尺
	竹脚手板宜采用由毛竹或楠竹制作的竹串片板、竹笆板	全数	目测
	竹串片脚手板宜采用螺栓将并列的竹片串连而成。螺栓直径宜为 3 ~ 10 mm，螺栓间距宜为 500 ~ 600 mm，螺栓离板端宜为 200 ~ 250 mm，板宽 250 mm，板长 2 000 mm、2 500 mm、3 000 mm	3%	钢板尺

单元
2

三、扣件式钢管脚手架的检查验收项目

1. 扣件式钢管脚手架使用中应定期检查

扣件式钢管脚手架在使用中，应定期检查下列内容：

（1）杆件的设置和连接，连墙件、支撑、门洞桁架等的构造应符合施工方案的要求。

（2）地基应无积水，底座应无松动，立杆应无悬空。

（3）扣件螺栓应无松动。

（4）高度在 24 m 以上的双排、满堂脚手架，其立杆的沉降与垂直度的偏差应符合

规定；高度在 20 m 以上的满堂支撑架，其立杆的沉降与垂直度的偏差应符合规定。

（5）安全防护措施应符合规定要求。

（6）应无超载使用。

2. 脚手架搭设的技术要求、允许偏差与检查方法

脚手架搭设的技术要求、允许偏差与检查方法见表 2—6。

表 2—6　　　　　脚手架搭设的技术要求、允许偏差与检查方法

项次	项目		技术要求	允许偏差 Δ/mm	示意图	检查方法与工具
1	地基基础	表面	坚实平整	—	—	观察
		排水	不积水			
		垫板	不晃动			
		底座	不滑动			
			不沉降	−10		
2	单、双排与满堂脚手架立杆垂直度		最后验收立杆垂直度 20~50 mm	±100		用经纬仪或吊线和卷尺

下列脚手架允许水平偏差/mm

搭设中检查偏差的高度/m	总高度		
	50 m	40 m	20 m
$H=2$	±7	±7	±7
$H=10$	±20	±25	±50
$H=20$	±40	±50	±100
$H=30$	±60	±75	
$H=40$	±80	±100	
$H=50$	±100		

中间档次用插入法

| 3 | 满堂支撑立杆垂直度 | 最后验收垂直度 30 m | — | ±90 | | 用经纬仪或吊线和卷尺 |

下列满堂支撑架允许水平偏差/mm

搭设中检查偏差的高度/m	总高度
	30 m
$H=2$	±7
$H=10$	±30
$H=20$	±60
$H=30$	±90

中间档次用插入法

单元 2

项次	项目		技术要求	允许偏差 Δ/mm	示意图	检查方法与工具
4	单、双排、满堂脚手架间距	步距	—	±20		钢板尺
		纵距	—	±50		
		横距	—	±20		
5	满堂支撑架间距	步距立杆间距	—	±20		钢板尺
			—	±30		
6	纵向水平杆高差	一根杆的两端	—	±20	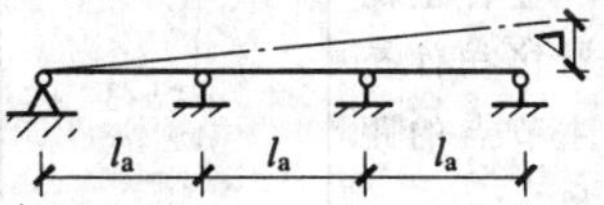	水平仪或水平尺
		同跨内两根纵向水平杆高差	—	±10	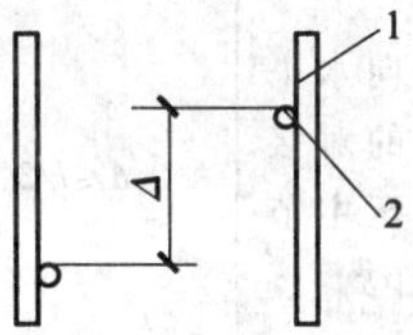	
7	剪切撑斜杆与地面的倾斜角		45°~60°			角尺
8	脚手板外伸长度	对接	$a = 130 \sim 150$ mm $L \leqslant 300$ mm	—		卷尺
		搭接	$a \geqslant 100$ mm $L \geqslant 200$ mm		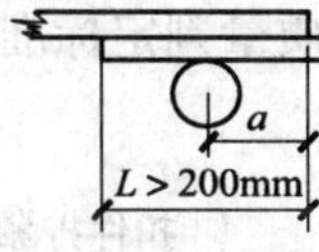	卷尺
9	扣件安装	主节点处各扣件中心点相互距离	$a \leqslant 150$ mm		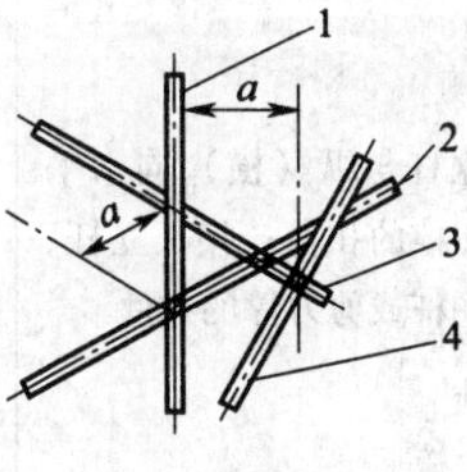	钢板尺

单元 2

续表

项次	项目	技术要求	允许偏差 Δ/mm	示意图	检查方法与工具
9	扣件安装	同步立杆上两个相隔对接扣件的高差	$a \geqslant 500$ mm	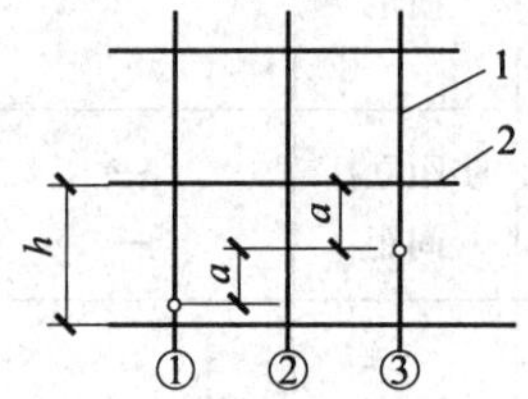 —	钢卷尺
		立杆上的对接扣件至主节点的距离	$a \leqslant h/3$	—	钢卷尺
		纵向水平杆上的对接扣件至主节点的距离	$a \leqslant l/3$	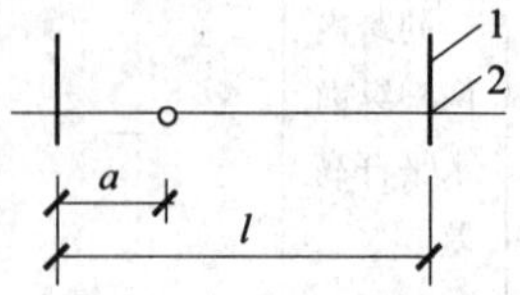 —	钢卷尺
		扣件螺栓拧紧扭力矩	$40 \sim 65$ N·m	—	扭力扳手

注：图中1—立杆；2—纵向水平杆；3—横向水平杆；4—剪刀撑。

3. 扣件拧紧抽样检查数目及质量判定标准

安装后的扣件螺栓拧紧扭力矩应采用扭力扳手检查，抽样方法应按随机分布原则进行。抽样检查数目与质量判定标准应按表2—7的规定确定。不合格的应重新拧紧至合格。

表2—7　　　　　　　　　扣件拧紧抽样检查数目及质量判定标准

项次	检查项目	安装扣件数量/个	抽检数量/个	允许的不合格数
1	连接立杆与纵（横）向水平杆或剪刀撑的扣件；接长立杆、纵向水平杆或剪刀撑的扣件	51～90	5	0
		91～150	8	1
		151～280	13	1
		281～500	20	2
		501～1 200	32	3
		1 201～3 200	50	5

项次	检查项目	安装扣件数量/个	抽检数量/个	允许的不合格数
2	连接横向水平杆与纵向水平杆的扣件（非主节点处）	51~90	5	1
		91~150	8	2
		151~280	13	3
		281~500	20	5
		501~1 200	32	7
		1 201~3 200	50	10

四、脚手架使用的安全管理

1. 脚手架使用期间的安全检查、维护

在脚手架使用过程中，应定期对脚手架及其地基基础进行检查和维护，特别是在下列情况下，必须进行检查：

（1）作业层上施加荷载前。

（2）遇6级及以上大风和大雨后。

（3）寒冷地区开冻后。

（4）停用时间超过一个月。

2. 脚手架使用的安全管理

（1）作业层上的施工荷载应符合设计要求，不得超载。不得在脚手架上集中堆放模板、钢筋等物件，严禁在脚手架上拉缆风绳，固定、架设模板支架、混凝土泵、输送管等，严禁悬挂起重设备。

（2）6级及6级以上大风和雨、雪、雾天气不得进行脚手架上作业。

（3）在脚手架作用期，严禁拆除下列杆件：主节点处的纵、横向水平杆，纵、横向扫地杆，连墙件。

（4）不得在脚手架基础及邻近处进行挖掘作业。

（5）临街搭设的脚手架外侧应有防护措施，以防坠物伤人。

（6）严禁沿脚手架外侧任意攀登。

（7）在脚手架上进行电、气焊作业时，必须有防火措施，并派专人看守。

（8）脚手架与架空输电线路的安全距离、工地临时用电线路架设及脚手架的接地、防雷措施等应按现行行业标准《施工现场临时用电安全技术规范》（JGJ 46—2005）的有关规定执行。

单元 **2**

实训1　搭设双排扣件式钢管脚手架

一、实训内容

搭设外墙用双排扣件式钢管脚手架。立杆纵距为1.5 m，脚手架长度为八跨，立杆横距为 1.2 m，立杆步距为 1.8 m，脚手架高度为五步。按规定要求设置抛撑、剪刀撑及连墙件，两端横向设置斜杆。每步搭设外侧栏杆，铺设竹串片脚手板。

二、准备要求

1．人员要求

搭设人员 4 人。

2．工具准备

线绳、吊线锤、水平尺等测量工具若干，呆扳手或活扳手、扭力扳手、钢卷尺若干。

3．材料准备

按扣件式钢管脚手架材料标准准备扣件、底座、垫板，以及各种长度的钢管、竹串片脚手板若干。

4．技术准备

及时将搭设简图发给学员，并对搭设人员进行安全技术交底。

5．安全防护用品准备

准备安全帽、安全带若干，并对使用人员介绍安全用品的正确使用方法。

6．场地准备

在搭设现场周围 5 m 范围内设置警戒区。

三、操作步骤

步骤 1　平整搭设场地，夯实基土。

步骤 2　按立杆的跨距、排距放线。

步骤 3　铺设垫板，定出各立杆的位置，按定位线摆放底座。

步骤 4　按搭设工艺要求分别搭设扫地杆、立杆、水平杆和抛撑。

步骤 5　随搭设进度逐步安装竹串片脚手板，及时设置剪刀撑、斜撑及连墙件。

步骤 6　搭设完毕后，检查结构是否合理，对所有扣件螺栓逐个检查并拧紧。

四、质量检验及评分标准

搭设质量按扣件式钢管脚手架搭设技术要求、允许偏差分项验收。验收评分标准见表 2—8。

表 2—8　　　　　扣件式钢管脚手架搭设训练项目及要求的评分表

序号	训练项目	训练内容	评分标准	配分	扣分	得分
1	口述回答	本项目主要安全技术要求	能回答 5 项以上满分，每缺 1 项扣 3 分	10		
2	施工准备	施工准备，材料进场	构、配件要求配齐，按要求检查	10		

序号	训练项目	训练内容	评分标准	配分	扣分	得分
3	操作	按操作程序搭设	符合操作顺序得满分，每错1次扣2分	10		
		组合方式	错误不得分	10		
		组架方法	不及时设置连墙件扣3分，中间横杆设置不当扣3分，出现探头板扣3分	10		
		正确使用工具	不能正确使用工具，视情况酌情扣1~3分	5		
4	质量要求	立杆垂直度	超出误差范围不得分	5		
		剪刀撑、连墙杆	结构正确、布局合理得满分，否则酌情扣分	10		
		扣件拧紧力矩及朝向	每个扣件不符合要求扣0.5分	5		
5	文明施工	操作现场整洁	施工完现场不清理，扣3~5分	5		
6	安全施工	遵守安全操作规程	重大事故本项目无分，一般事故扣3~5分	10		
7	工效	时间定额	在规定时间的±10 min内完成得满分，超时酌情扣分	10		
8		合计		100		

单元 2

五、注意事项

（1）脚手架搭设人员必须是经过培训的架子工。

（2）搭设人员要穿戴好安全帽、工作手套、防滑鞋后上架作业，衣服要轻便，高处作业时必须系安全带。

（3）搭设人员应配备工具套，工具用后必须放在工具套内。手拿钢管时不准同时拿扳手等工具。

（4）搭设人员作业时要精力集中，注意相互之间的协作，严格按搭设操作规程的要求完成架体搭设。

（5）每搭完一步，应及时校正脚手架的几何尺寸、立杆的垂直度，使其符合表2—8中的技术要求，确定符合要求后才能继续向上搭设。

（6）在搭至有连墙撑或抛撑的构造点时，搭完该处立杆、纵向水平杆、横向水平杆后，应立即设置连墙杆（或抛撑），将架体固定牢固后方可继续搭设。

（7）剪刀撑和斜撑要随架子的搭设同步进行。

（8）搭完后要对扣件的拧紧力矩进行检查，扣件的拧紧力矩应不小于40 N·m，且不大于65 N·m。

（9）搭设脚手架时，应派专人看守地面并设置警戒区，严禁非操作人员入内。

单元测试题

一、填空题（请将正确的答案填写在横线空白处）

1. 当脚手架高度在_____ m 以上时，不得采用竹脚手架。

2. 扣件式钢管脚手架的扣件螺栓拧紧力矩为_____ N·m。

3. 扣件式钢管脚手架立杆的垂直偏差应不大于架高的 1/300，并同时控制其绝对偏差值：当架高不大于 20 m 时，为不大于_____ mm；大于 20 m 而不大于 50 m 时，为不大于 75 mm；大于 50 m 时应不大于_____ mm。

4. 扣件式钢管脚手架同一排纵向水平杆的水平偏差不大于该片脚手架总长度的 1/250，且不大于_____ mm。

5. 扣件式钢管脚手架剪刀撑钢管接长应采用搭接，搭接长度不应小于_____ m，应采用不少于_____个旋转扣件固定，端部扣件的边缘至杆端距离不应小于 100 mm。

6. 在铺脚手板的操作层上必须设两道护栏和挡脚板。上栏杆高度不小于 1.1 m。挡脚板亦可用加设一道低_____（距脚手板面 0.2～0.3 m）代替。

7. 单排扣件式钢管脚手架搭设高度_____ m，即一般只用于 6 层以下的建筑（仅作防护用的单排外架，其高度不受此限制）。

8. 柔性连墙件只能承受拉力作用、或只能承受拉力和压力作用。它的作用只能限制脚手架向外倾倒或向里倾倒，而对脚手架的抗失稳能力并无帮助，因此在使用上受到限制；纯受拉连墙件只能用于_____层以下房屋；纯拉压连墙件一般只能用在高度_____的建筑工程中。

9. 扣件式钢管脚手架当脚手架高度在 24 m 以下时，可以采用柔性连墙装置；当脚手架高度在_____ m 以上的，脚手架必须采用刚性连墙装置；当补设连墙装置时，采用安装式刚性连墙装置。连墙装置必须置于架体主节点。

10. 当脚手架高度在 24 m 以下时，可以采用_____装置；当脚手架高度在 24 m 以上时，脚手架必须采用_____装置。当补设连墙装置时，采用安装式_____装置。连墙装置必须置于架体主节点。

11. "一"字形、开口型脚手架的两端_____装置，垂直间距不应大于建筑物的层高，且不应大于_____ m。

12. 当脚手架高度在 24 m 以下时，除在脚手架的外侧立面两端（脚手架转角处）由底至顶各连续设置_____剪刀撑外，中间应每隔 20 m 设置_____。当脚手架高度在 24 m 以上时，应在外侧立面整个长度和高度上连续设置剪刀撑。

13. "一"字形、开口型双排脚手架的两端均必须设置_____。高度在 24 m 以上的封闭型脚手架，除拐角应设置横向斜撑外，中间应每隔_____跨设置一道。剪刀撑钢管应和与之相交的每一立杆或横向水平杆的伸出端扣紧。横向斜撑钢管应和与之相交的每一立杆和横向水平杆扣紧。

14. 剪刀撑和斜撑钢管接长应采用搭接，搭接长度不应小于_____ m，应采用不

单元 2

少于_____个旋转扣件固定，端部扣件的边缘至杆端距离不应小于 100 mm。

15. 当脚手架高度超过_____m 时，应考虑对架体采取卸荷措施，卸荷次数和设置位置由施工方案决定。

16. 卸荷装置中提供向上分力的钢丝绳，下端必须缠绕在架体_____并兜住大横向水平杆，上端兜住在上方的预埋钢管根部，采用 OO 型花篮螺栓调节使各条钢丝绳张力均匀，并达到设计要求。

17. 杆件之间的斜交节点采用旋转扣件。凡由平杆、立杆和斜杆交汇的节点，其旋转扣件轴心距平、立杆交汇点应不大于_____mm。

18. 相邻立杆的对接接头不得设于同步内，应当错开布置，错开距离不小于_____mm，立杆接头与中心节点相距不大于_____。

19. 平杆（主要是纵向水平杆）的接长一般应采用对接，对接接头应错开，上下邻杆接头不得设在同跨内，相距不小于_____mm，且应避开跨中。

二、判断题（下列判断正确的请打"√"，错误的请打"×"）

1. 作为脚手架杆件使用的钢管必须进行防锈处理，即对购进的钢管先进行除锈，然后内壁擦涂两道防锈漆，外壁涂防锈漆一道和面漆两道。（　　）

2. 柔性连墙件指既能承受拉力和压力作用，又有一定的抗弯和抗扭能力的刚性较好的连墙构造，即它一方面能抵抗脚手架相对于墙体的里倒和外张变形，同时也能对立杆的纵向弯曲变形有一定的约束作用，从而提高脚手架的抗失稳能力。（　　）

3. 刚性连墙件为只能承受拉力作用，或只能承受拉力和压力作用。它的作用只能限制脚手架向外倾倒或向里倾倒，而对脚手架的抗失稳能力并无帮助，因此在使用上受到限制。（　　）

4. 单排脚手架搭设高度不大于 25 m，即一般只用于 7 层以下的建筑（仅作防护用的单排外架，其高度不受此限制）。（　　）

5. 单排脚手架连接点的设置数量不得少于三步三跨一点，且连接点宜采用具有抗拉压作用的刚性构造。（　　）

6. 脚手架底部必须设置纵横向扫地杆（纵上横下），并从底部第一步水平杆（扫地杆）开始设置连墙杆。（　　）

7. 立杆底部应设置垫木或配套的底座，且不得悬空。脚手架地基或基础应高于周边自然地坪 500 mm。（　　）

8. 当脚手架基础下有设备基础、管沟时，在脚手架使用过程中必须开挖的，开挖前必须对脚手架采取加固措施。（　　）

9. 脚手架悬挑装置的主要承力构件应采用工字钢，楼板上的固定装置不得采用螺纹钢制作。（　　）

10. 钢丝绳作为悬挑结构的保险装置，不参与悬挑结构的受力计算，钢丝绳应采用 OO 型花篮螺栓调节使各绳张力均匀，型钢前端开孔穿钢丝绳处应加设锁具套环，防止钢丝绳损伤。（　　）

11. 在型钢支承外脚手架钢管的位置，需要焊接短钢筋，让钢管套接固定在型钢上防止滑脱。（　　）

单元
2

12. 既能承受拉力和压力作用，又有一定的抗弯和抗扭能力的刚性较好的连墙构造，即它一方面能抵抗脚手架相对于墙体的里倒和外张变形，同时也能对立杆的纵向弯曲变形产生一定的约束作用，从而提高脚手架的抗失稳能力。这样的连墙件称为柔性连墙件。 （　　）

13. 扣件式钢管脚手架当需要搭设高度超过80 m的脚手架时，自架高30 m起，可采用局部卸载装置，将其上的部分荷载传给工程结构，以确保脚手架使用的安全。 （　　）

14. 对于扣件式钢管脚手架卸荷装置中提供向上分力的钢丝绳，其下端必须缠绕在架体主节点上并兜住纵向和横向水平杆，上端兜住在上方的预埋钢管根部，采用 OO 型花篮螺栓调节使各条钢丝绳张力均匀，并达到设计要求。 （　　）

15. 扣件式钢管脚手架当仅采用斜拉钢丝绳提供向上的卸荷力时，应将此处外架主节点的横向水平杆向内顶住建筑结构，以免架体在此处向内变形。 （　　）

16. 立杆底部应设置垫木或配套的底座，且不得悬空。脚手架地基或基础应高于周边自然地坪50 mm。 （　　）

17. 单排扣件式钢管脚手架不准用于一些不适于承载和固定的砌体工程，脚手眼的设置部位和孔眼尺寸均有较为严格的限制。一些对外墙面的清水或饰面要求较高的建筑，考虑到墙脚手眼可能造成的质量影响，也不宜使用单排脚手架。 （　　）

三、多项选择题（下列每题的选项中，至少有两个是正确的，请将其代号填在横线空白处）

1. 扣件式钢管脚手架可用于搭设_____及其他用途的架子。

A. 外脚手架　　　B. 里脚手架　　　C. 满堂脚手架　　　D. 支撑架

2. 以下_____分部分项工程属于危险性较大的工程，必须在施工前编制专项方案并严格依据审批后的方案施工。

A. 搭设高度24 m及以上的落地式钢管脚手架工程

B. 附着式整体和分片提升脚手架工程

C. 悬挑式脚手架工程、吊篮脚手架工程

D. 自制卸料平台、移动操作平台工程、新型及异型脚手架工程

3. 由于工程结构和施工要求，必须搭设不同步脚手架时，其交接部位应采取的措施有_____。

A. 平杆向前延伸一跨

B. 视需要在交接部增加或加强剪刀撑设置

C. 增设梯杆，方便不等高作业层间通行联系

D. 相接上扫地杆应至少向下扫地杆方向延伸1跨固定

4. 脚手架验收应当准备的文件有_____。

A. 施工组织设计文件、技术交底文件

B. 脚手架杆配件的出厂合格证

C. 脚手架工程的施工记录及阶段质量检查记录

D. 脚手架工程的施工验收报告

5. 在脚手架使用过程中，应定期对脚手架及其地基基础进行检查和维护，特别是_____情况下，必须进行检查。

A. 作业层上施加荷载前　　　　B. 遇 6 级及以上大风和大雨后

C. 寒冷地区开冻后　　　　　　C. 停用时间超过一个月

四、简答题

1. 简述扣件式脚手架的搭设工艺。

2. 如何掌握好拧扣件螺栓的扭力矩？

3. 单排扣件式钢管脚手架的横向水平杆不应设置在哪些部位？

4. 简述单排扣件式钢管脚手架的构造要求。

5. 连墙构造设置应当注意哪些事项？

6. 扣件式钢管脚手架的底座安放应符合哪些要求？

7. 扣件式钢管脚手架立杆的对接接头应符合哪些要求？

8. 扣件式钢管脚手架纵向水平杆的搭设应符合哪些要求？

9. 简述扣件式脚手架的质量检查、验收项目。

10. 脚手架使用安全管理有哪些规定？

11. 脚手架拆除前应当做好哪些准备工作？

12. 简述脚手架的拆除顺序。

13. 简述脚手架拆除时应当注意的事项。

单元测试题答案

单元 2

一、填空题

1. 24　2. 40~65　3. 50　100　4. 50　5. 1　3　6. 栏杆　7. 不大于20　8. 3 不大于24　9. 24　10. 柔性连墙　刚性连墙　刚性连墙　11. 必须设置连墙　4　12. 一组 一组　13. 横向斜撑　6　14. 1　3　15. 50　16. 主节点上　17. 150　18. 500 $h/3$　19. 500

二、判断题

1. √　2. ×　3. ×　4. ×　5. √　6. √　7. ×　8. √

9. √　10. √　11. √　12. ×　13. ×　14. √　15. √　16. √

17. √

三、多项选择题

1. ABCD　2. ABCD　3. ABC　4. ABCD　5. ABCD

四、简答题

答案略。

第

3

单元

碗扣式钢管脚手架

第一节 碗扣式钢管脚手架的构配件及质量要求

→ 了解碗扣式钢管脚手架的主要构配件及其用途
→ 了解碗扣式钢管脚手架的主要构配件制作质量及形位公差要求
→ 掌握碗扣式钢管脚手架的组合类型与适用范围
→ 掌握碗扣式双排钢管脚手架的主要尺寸及一般规定

碗扣式钢管脚手架是一种新型承插式钢管脚手架。该脚手架独创了带齿碗扣接头，不仅拼拆迅速省力，而且结构简单，受力稳定可靠，完全避免了螺栓作业，不易丢失零散件，并配备了较完善的系列构件，功能多，使用安全、方便和经济。

碗扣式钢管脚手架广泛应用于房建、桥梁、隧道、地道桥、烟囱、水塔、大坝、大跨度棚架等多种工程施工中。

碗扣式钢管脚手架采用每隔0.6 m设1套碗扣接头的定型立杆和两端焊有接头的定型横杆，并实现杆件的系列标准化。

碗扣接头是该脚手架系统的核心部件，它由上、下碗扣、横杆接头和上碗扣的限位销等组成，如图3—1所示。

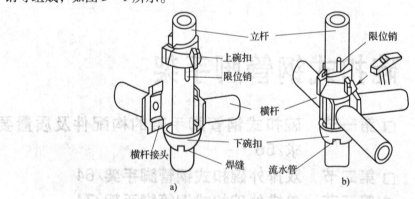

图3—1 碗扣接头
a）连接前 b）连接后

上、下碗扣和限位销按60 cm间距设置在钢管立杆之上，其中下碗扣和限位销则直接焊在立杆上。将上碗扣的缺口对准限位销后，即可将上碗扣向上抬起（沿立杆向上滑动），把横杆接头插入下碗扣圆槽内，随后将上碗扣沿限位销滑下并顺时针旋转以扣紧横杆接头（可使用锤子敲击几下即可达到扣紧要求）。碗扣式接头的拼接完全避免了螺栓作业。

碗扣接头可同时连接4根横杆，可以相互垂直或偏转一定角度。

此外，该脚手架还配有多种不同功能的辅助构件，如可调的底座和托撑、脚手板、架梯、挑梁、悬挑架、提升滑轮、安全网支架等。

单元
3

一、碗扣式钢管脚手架的主要构配件及其用途

碗扣式钢管脚手架的原设计杆配件，共计有23类53种规格，按其用途可分为主构件、辅助构件、专用构件三类，见表3—1。

表3—1　　　　　　　　　　碗扣式脚手架杆配件规格

类别	名称		型号	规格（mm）	单重（kg）	用途
主构件	立杆		LG－180	φ48×3.5×1 800	10.53	构架垂直承力杆
			LG－300	φ48×3.5×3 000	17.07	
	顶杆		DG－90	φ48×3.5×900	5.30	支撑架（柱）顶端垂直承力杆
			DG－150	φ48×3.5×1 500	8.62	
			DG－210	φ48×3.5×2 100	11.93	
	横杆		HG－30	φ48×3.5×300	1.67	立杆横向连接杆；框架水平承力杆
			HG－60	φ48×3.5×600	2.82	
			HG－90	φ48×3.5×900	3.97	
			HG－120	φ48×3.5×1 200	5.12	
			HG－150	φ48×3.5×1 500	6.82	
			HG－180	φ48×3.5×1 800	7.43	
			HG－240	φ48×3.5×2 400	9.73	
	单排横杆		DHG－140	φ48×3.5×1 400	7.51	单排脚手架横向水平杆
			HDG－180	φ48×3.5×1 800	9.05	
	斜杆		XG－170	φ48×2.2×1 697	5.47	1.2×1.2 m框架斜撑
			XG－216	φ48×2.2×2 160	6.63	1.2×1.8 m框架斜撑
			XG－234	φ48×2.2×2 343	7.07	1.5×1.8 m框架斜撑
			XG－255	φ48×2.2×2 546	7.58	1.8×1.8 m框架斜撑
			XG－300	φ48×2.2×3 000	8.72	1.8×2.4 m框架斜撑
	立杆底座	立杆底座	LDZ	150×150×180	1.70	立杆底部垫板
		立杆可调座	KTZ－30	0～300	6.16	立杆底部可调节高度支座
			KTZ－60	0～600	7.86	
		粗细调座	CXZ－60	0～600	6.10	立杆底部有粗细调座可调高度支座

単元

3

类别		名称		型号	规格（mm）	单重（kg）	用途
辅助构件	作业面辅助构件	间横杆		JHG－120	φ48×3.5×1 200	6.43	水平框架之间连在两横杆间的横杆
				JHG－120＋30	φ48×3.5（1 200＋300）	7.74	同上，有0.3 m挑梁
				JHG－120＋60	φ48×3.5（1 200＋600）	9.96	同上，有0.6 m挑梁
		脚手板		JB－120	1 200×270	9.05	用于施工作业屋面的台板
				JB－150	1 500×270	11.15	
				JB－180	1 800×2 700	13.24	
				JB－240	2 400×270	17.03	
		斜道板		XB－190	1 897×540	28.24	用于搭设栈桥或斜道的铺板
		挡板		DB－120	1 200×220	7.18	施工作业层防护板
				DB－150	1 500×220	8.93	
				DB－180	1 800×220	10.68	
		挑梁	窄挑梁	TL－30	φ48×3.5×300	1.68	用于扩大作业面的挑梁
			宽挑梁	TL－60	φ48×3.5×600	9.30	
		架梯		JT－255	2 546×540	26.32	人员上、下梯子
	用于连接的构件	立杆连接销		LLX	φ10	0.104	立杆之间连接锁定用
		直角撑		ZJC	125	1.62	两相交叉的脚手架之间的连接件
		连墙撑	碗扣式	WLC	415~625	2.04	脚手架同建筑物之间的连接件
			扣件式	KLC	415~625	2.00	
		高层卸荷拉结杆		GLC			高层脚手架卸荷用杆件
	其他用途辅助构件	立杆托撑	立杆托撑	LTC	200×150×5	2.39	支撑架顶部托梁座
			立杆可调托撑	KTC－60	0~600	8.49	支撑架顶部可调托梁座
		横托带	横托撑	HTC	400	3.13	支撑架横向支托撑
			可调横托撑	KHC－30	400~700	6.23	支撑架横向可调支托撑
		安全网支架		AWJ		18.69	悬挂安全网支承架

单元 3

类别	名称		型号	规格（mm）	单重（kg）	用途
专用构件	专用构件支撑柱	支撑柱垫座	ZDZ	300×300	19.12	支撑柱底部垫座
		支撑柱转角座	ZZZ	0°~10°	21.54	支撑柱斜向支承垫座
		支撑柱可调座	ZKZ-30	0~300	40.53	支撑柱可调高度支座
	提升滑轮		THL		1.55	插入宽挑梁提升小件物料
	悬挑梁		TYL-140	φ48×3.5×1 400	19.25	用于搭设悬挑脚手架
	爬升挑梁		PTL-90+65	φ48×3.5×1 500	8.7	用于搭设爬升脚手架

主构件是用以构成脚手架主体的杆部件，共有 6 类 23 种规格：

1. 立杆

立杆是脚手架的主要受力杆件，由一定长度的 φ48×3.5、Q235 钢管上每隔 0.60 m 安装一套碗扣接头，并在其顶端焊接立杆连接管制成。立杆有 3.00 m（LG-300）和 1.80 m（LG-180）长两种规格。

2. 顶杆

顶杆即顶部立杆，其顶端设有立杆连接管，便于在顶端插入托撑或可调托撑等，有 2.10 m（DG-210）、1.50 m（DG-150）、0.90 m（DG-90）长三种规格。顶杆主要用于支撑架、支撑柱、物料提升架等的顶部。

3. 横杆

横杆是成框架的横向连接杆件，由一定长度的 φ48×3.5、Q235 钢管两端焊接横杆接头制成，有 2.40 m（HG-240）、1.80 m（HG-180）、1.50 m（HG-60）、1.20 m（HG-120）、0.90 m（HG-90）、0.60 m（HG-60）、0.30 m（HG-30）长 7 种规格。

4. 单排横杆

单排横杆主要用作单排脚手架的横向水平横杆，只在 φ48×3.5、Q235 钢管一端焊接横杆接头，有 1.40 m（DHG-140）、1.80 m（DHG-180）长两种规格。

5. 斜杆

斜杆是用来增强脚手架稳定强度的系列构件，在 φ48×2.2、Q235 钢管两端铆接斜杆接头制成，斜杆接头可转动，同横杆接头一样可装在下碗扣内，形成节点斜杆。有 1.69 m（XG-170）、2.163 m（XG-216）、2.343 m（XG-234）、2.546 m（XG-255）、3.00 m（XG-300）长五种规格，分别适用于 1.20 m×1.20 m、1.20 m×1.80 m、1.50 m×1.80 m、1.80 m×1.80 m、1.80 m×2.40 m 五种框架平面。

6. 底座

底座是安装在立杆根部，防止其下沉，并将上部荷载分散传递给地基基础的构件。分为以下三种：

单元

3

（1）垫座只有一种规格（LDZ），由 150 mm ×150 mm ×8 mm 钢板和中心焊接连接杆制成，立杆可直接插在上面，高度不可调。

（2）立杆可调座由 150 mm ×150 mm ×8 mm 钢板和中心焊接螺杆并配手柄螺母制成，有 0.30 m（KTZ – 30）和 0.60 m（KTZ – 60）两种规格，可调范围分别为 0.30 m 和 0.60 m。

（3）立杆粗细调座。基本上同立杆可调座，只是可调方式不同，由 150 mm × 150 mm ×8 mm 钢板、立杆管、螺管、手柄螺母等制成，有 0.60 m（CXZ – 60）一种规格。

二、碗扣式钢管脚手架的主要构配件制作质量及形位公差要求

1. 碗扣式钢管脚手架制作质量要求

（1）碗扣式钢管脚手架钢管规格应为 $\phi 48 \times 3.5$，钢管壁厚应为 3.5 mm。

（2）立杆连接处外套管与立杆间隙应小于或等于 2 mm，外套管长度不得小于 160 mm，外伸长度不得小于 110 mm。

（3）钢管焊接前应进行调直除锈，钢管直线度应小于 $1.5 L/1\,000$（L 为使用钢管的长度）。

（4）焊接应在专用工装上进行。

（5）构配件外观质量应符合下列要求：

1）钢管应平直光滑、无裂纹、无锈蚀、无分层、无结疤、无毛刺等，不得采用横断面接长的钢管。

2）铸造件表面应光整，不得有砂眼、缩孔、裂纹、浇冒口残余等缺陷，表面粘砂应清除干净。

3）冲压件不得有毛刺、裂纹、氧化皮等缺陷。

4）各焊缝应饱满，焊药应清除干净，不得有未焊透、夹砂、咬肉、裂纹等缺陷。

5）构配件防锈漆涂层应均匀，附着应牢固。

6）主要构配件上的生产厂标识应清晰。

（6）架体组装质量应符合下列要求：

1）立杆的上碗扣应能够上下窜动、转动灵活，不得有卡滞现象。

2）立杆与立杆的连接孔处应能插入 $\phi 10$ mm 连接销。

3）碗扣节点上应在安装 1~4 个横杆时，上碗扣均能锁紧。

4）当搭设不少于二步三跨 1.8 m ×1.8 m ×1.2 m（步距×纵距×横距）的整体脚手架时，每一框架内横杆与立杆的垂直度偏差应小于 5 mm。

（7）可调底座底板的钢板厚度不得小于 6 mm，可调托撑钢板厚度不得小于 5 mm。

（8）可调底座及可调托撑丝杆与调节螺母啮合长度不得少于 6 扣，插入立杆内的长度不得小于 150 mm。

（9）主要构配件性能指标应符合下列要求：

1）上碗扣抗拉强度不应小于 30 kN。

2）上碗扣组焊后剪切强度不应小于60 kN。

3）横杆接头剪切强度不应小于50 kN。

4）横杆接头焊接剪切强度不应小于25 kN。

5）底座抗压强度不应小于100 kN。

2. 碗扣式钢管脚手架的主要构配件制作形位公差质量要求（见表3—2）

表3—2　　　　　　　　　主要构配件的制作形位公差质量要求

名称	检查项目	公称尺寸/mm	允许偏差/mm	检测量具	图示
立杆	长度L	900	±0.70	钢卷尺	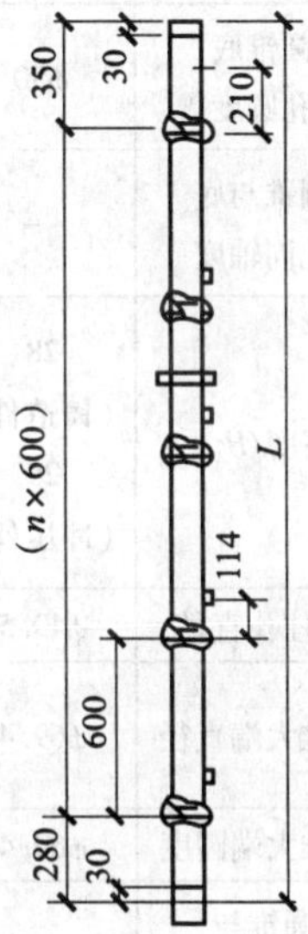
		1 200	±0.85		
		1 800	±1.15		
		2 400	±1.40		
		3 000	±1.65		
	碗扣节点间距	600	±0.50	钢卷尺	
	下碗扣与定位销下端间距	114	±1	游标卡尺	
	杆件直线度	—	1.5 L/1 000	专用量具	
	杆件端面对轴线垂直度	—	0.3	角尺（端面150 mm范围内）	
	下碗扣内圆锥与立杆同轴度	—	ϕ0.5	专用量具	
	下碗扣与立杆焊缝高度	4	±0.50	焊接检验尺	
	下套管与立杆焊缝高度	4	±0.50	焊接检验尺	
横杆	长度L	300	±0.40	钢卷尺	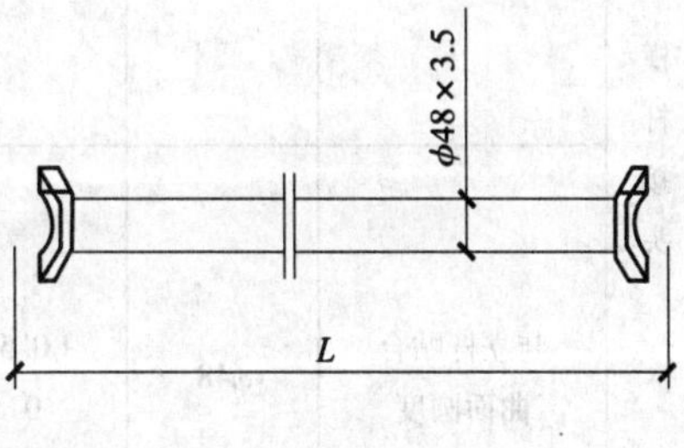
		600	±0.50		
		900	±0.70		
		1 200	±0.80		
		1 500	±0.95		
		1 800	±1.15		
		2 400	±1.40		
	横杆两接头弧面平行度	—	≤1.00		
	横杆接头与杆件焊缝高度	4	±0.50	焊接检验尺	

单元

3

名称	检查项目	公称尺寸/mm	允许偏差/mm	检测量具	图示
上碗扣	螺旋面高端	$\phi53$	+1.0 0	深度游标卡尺	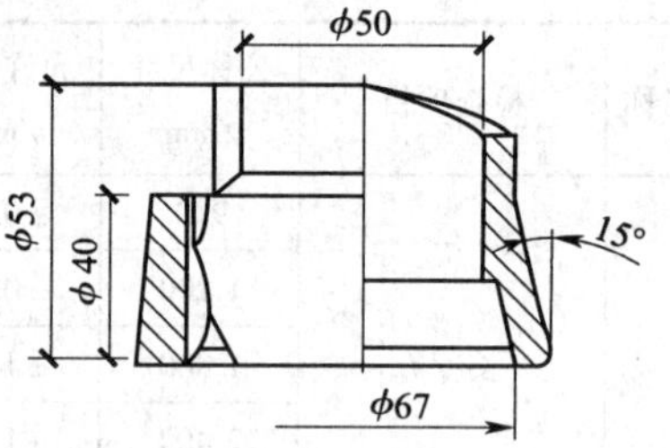
	螺旋面低端	$\phi40$	0 -1.0		
	上碗扣内圆锥大端直径	$\phi67$	+0.8 -0.6	游标卡尺	
	上碗扣内圆锥大端圆度	$\phi67$	0.35	游标卡尺	
	内圆锥底圆孔圆度	$\phi50$	0.30	游标卡尺	
	内圆锥与底圆孔同轴度	—	$\phi0.5$	杠杆百分表	
下碗扣	高度/H	28（铸造件） 25（冲压件）	+0.8 +0.1	深度游标卡尺	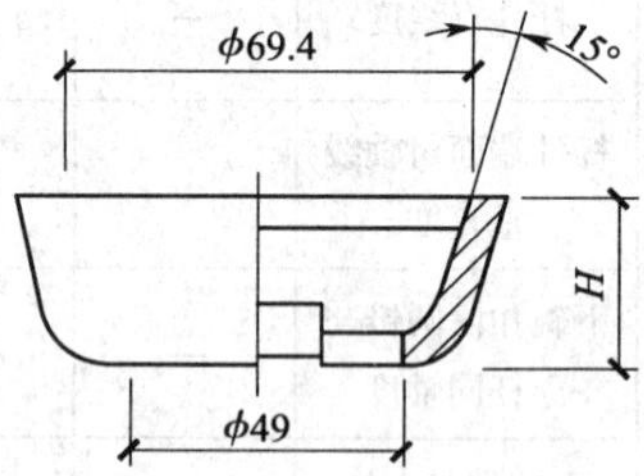
	底圆柱孔直径	$\phi49.5$	±0.25	游标卡尺	
	内圆锥大端直径	$\phi69.4$	+0.5 -0.2	游标卡尺	
	内圆锥大端圆度	$\phi69.4$	0.25	游标卡尺	
	内圆锥与底圆孔同轴度	—	$\phi0.5$	心棒、塞尺	
横杆接头	高度	20（18）	±0.50	游标卡尺	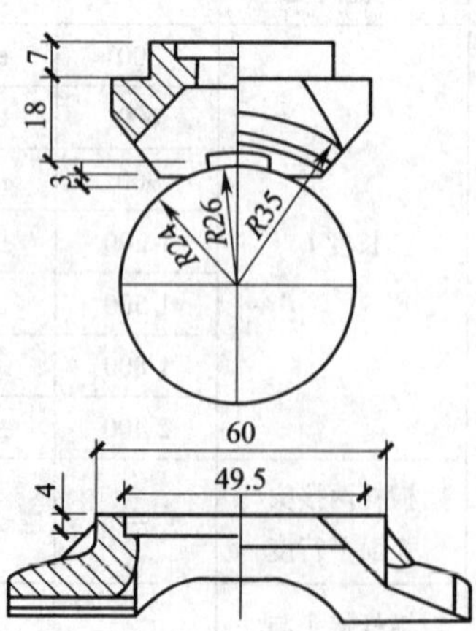
	与立杆贴合曲面圆度	$\phi48$	+0.50 0	—	

单元 3

三、碗扣式钢管脚手架的组合类型与适用范围

碗扣式双排钢管脚手架按施工作业要求与施工荷载的不同，可组合成轻型架、普通架和重型架三种形式，它们的组框构造尺寸及适用范围，见表3—3。

表3—3　　　　　　碗扣式双排钢管脚手架组合形式

脚手架形式	廊道宽（m）×框宽（m）×框高（m）	适用范围
轻型架	1.2×2.4×2.4	装修、维护等作业
普通架	1.2×1.8×1.8	结构施工，最常用
重型架	1.2×1.2×1.8 或 1.2×0.9×1.8	重载作用，高层脚手架中的底部架

碗扣式单排钢管脚手架按作业顶层荷载要求，可组合成Ⅰ、Ⅱ、Ⅲ三种形式，它们的组框构造尺寸及适用范围，见表3—4。

表3—4　　　　　　碗扣式单排钢管脚手架组合形式

脚手架形式	框宽（m）×框高（m）	适用范围
Ⅰ型架	1.8×0.8	一般外装修、维护等作业
Ⅱ型架	1.2×1.2	一般施工
Ⅲ型架	0.9×1.2	重载施工

单元 3

四、碗扣式双排钢管脚手架的主要尺寸及一般规定

为确保施工安全，对碗扣式双排钢管脚手架的搭设尺寸作了一般规定与限制，见表3—5。

表3—5　　　　　　碗扣式双排钢管脚手架搭设一般规定

序号	项目名称	规定内容
1	架设高度 H	$H \leq 20$ m普通架子按常规搭设 $H > 20$ m的脚手架必须做出专项施工设计并进行结构验算
2	荷载限制	砌筑脚手架 ≤ 2.7 kN/m² 装修架子为 $1.2 \sim 2.0$ kN/m²或按实际情况考虑
3	基础做法	基础应平整、夯实，并有排水措施。立杆应设有底座，并用 0.05 m×0.2 m×2 m的木脚手板通垫 $H > 40$ m的架子应进行基础验算并确定铺垫措施
4	立杆纵距	一般为 $1.2 \sim 1.5$ m，超过此值应进行验证

序号	项目名称	规定内容
5	立杆横距	≤1.2 m
6	步距高度	砌筑架子<1.2 m；装修架子<1.8 m
7	立杆垂直偏差	$H<30$ m时，<1/500架高 $H>30$ m时，<1/1 000架高
8	小横杆间距	砌筑架子<1 m；装修架子<1.5 m
9	架高范围内垂直作业的要求	铺设板不超过3~4层，砌筑作业不超过1层，装修作业不超过两层
10	作业完毕后，横杆保留程度	靠立杆处的横向水平杆全部保留，其余可拆除
11	剪刀撑	沿脚手架转角处往里布置，每4~6根为一组，与地面夹角为45°~60°
12	与结构拉结	每层设置，垂直间距<4.0 m，水平间距<4.0~6.0 m
13	垂直斜拉杆	在转角处向两端布置1~2个廊间
14	护身栏杆	$H=1$ m，并设$h=0.25$ m的挡脚板
15	连接件	凡$H>30$ m的高层架子，下部1/2 H均用齿形碗扣

注：1. 脚手架的宽度l_0一般取1.2 m；跨度l常用1.5 m；当架高$H≤20$ m的装修脚手架，l亦可取1.8 m；$H>40$ m时，l宜取1.2 m。

2. 搭设高度H与主杆纵横间距有关：当立杆纵向、横向间距为1.2 m×1.2 m时，架高H应控制在60 m左右；当立杆纵向、横向间距为1.5 m×1.2 m时，H不宜超过50 m。

单元 **3**

第二节　双排外碗扣式钢管脚手架

培训目标

→ 掌握双排外碗扣式钢管脚手架的构造尺寸
→ 掌握双排外碗扣式钢管脚手架的构造类型
→ 掌握双排外碗扣式钢管脚手架的组架构造
→ 掌握地基与地基处理
→ 掌握双排外碗扣式钢管脚手架的组装方法及要求
→ 了解双排外碗扣式钢管脚手架的材料用量

用碗扣式钢管脚手架搭设双排外脚手架美观大方，拼拆快速省力，特别适用于搭设曲面脚手架和高层脚手架。

一、双排外碗扣式钢管脚手架的构造尺寸

（1）当连墙件按二步三跨设置，两层装修作业层、两层脚手板、外挂密目安全网封闭，且符合下列基本风压值时，其允许搭设高度宜按表3—6的规定取值。

表3—6　　　　　　　　　　　　双排外脚手架允许搭设高度

步距/m	横距/m	纵距/m	允许搭设高度/m		
			基本风压值 w_0/（kN/m²）		
			0.4	0.5	0.6
1.8	0.9	1.2	68	62	52
		1.5	51	43	36
	1.2	1.2	59	53	46
		1.5	41	34	26

注：本表计算风压的高度变化系数是按地面粗糙度为 C 类采用，当具体工程的基本风压值和地面粗糙度与此表不相符时，应另行计算。

（2）当曲线布置的双排脚手架组架时，应按曲率要求使用不同长度的内外横杆组架，曲率半径应大于 2.4 m。

二、双排外碗扣式钢管脚手架的构造类型

用于构造双排外脚手架时，一般立杆横向间距（脚手架廊道宽度）取 1.20 m（HG-120），横杆步距取 1.80 m，立杆纵向间距根据建筑物结构、脚手架搭设高度及作业荷载等具体要求确定，可选用 0.90 m、1.20 m、1.50 m、1.80 m、2.40 m 等多种尺寸，并选用相应的横杆。根据其使用要求，可有以下几种构造形式：

1. 重型架

这种结构脚手架取较小的立杆纵距（0.90 m 或 1.20 m）；用于重载作业或作为高层外脚手架的底部架。对于高层脚手架，为了提高其承载力和搭设高度，采取上、下分段，每段立杆纵距不等的组架方式，如图 3—2 所示。组架时，下段立杆纵距取 0.90 m 或 1.20 m，上段则用 1.80 m 或 2.40 m，即每隔一根立杆取消一根，用 1.80 m（HG-180）或 2.40 m（HG-240）的横杆取代 0.90 m（HG-90）或 1.20 m（HG-120）的横杆。

2. 普通架

普通架是最常用的一种，构造尺寸为 1.50 m（立杆纵距）×1.20 m（立杆横距）×1.80 m（横杆步距）（以下表示同）或 1.80 m×1.20 m×1.80 m，可作为砌墙、模板工程等结构施工用脚手架。

3. 轻型架

轻型架主要用于装修、维护等作业荷载要求的脚手架，构架尺寸为 2.40 m×1.20 m×1.80 m。

另外，也可根据场地和作业荷载要求搭设窄脚手架和宽脚手架。

窄脚手架构造形式为立杆横距取

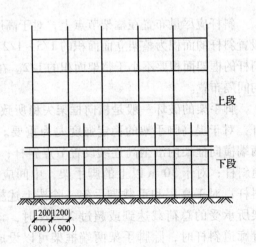

图3—2　分段组架布置

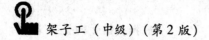
0.90 m，即有0.90 m×0.90 m×1.80 m、1.20 m×0.90 m×1.80 m、1.50 m×0.90 m×1.80 m、1.80 m×0.90 m×1.80 m、2.40 m×0.90 m×1.80 m五种构造尺寸。

宽脚手架即立杆横距取1.50 m，有0.90 m×1.50 m×1.80 m、1.20 m×1.50 m×1.80 m、1.50 m×1.50 m×1.80 m、1.80 m×1.50 m×1.80 m、2.40 m×1.50 m×1.80 m五种构造尺寸。

三、双排外碗扣式钢管脚手架的组架构造

1. 斜杆设置

斜杆可增强脚手架稳定强度，合理设置斜杆对提高脚手架的承载力，保证施工安全具有重要意义。

斜杆同立杆的连接与横杆同立杆的连接相同，其节点构造如图3—3所示。对于不同尺寸的框架应配备相应长度斜杆。斜杆可装成节点斜杆，即斜杆接头同横杆接头装在同一碗扣接头内，或装成非节点斜杆，即斜杆接头同横杆接头不装在同一碗扣接头内，其构造如图3—4所示。

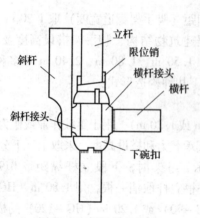

图3—3　斜杆节点构造

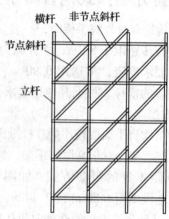

图3—4　斜杆布置构造图

斜杆应尽量布置在框架节点上，对于高度在30 m以下的脚手架，可根据荷载情况，设置斜杆的面积为整架立面面积的1/5～1/2；对于高度超过30 m的高层脚手架，设置斜杆的框架面积要不小于整架面积的1/2。在拐角边缘及端部必须设置斜杆，中间可均匀间隔布置。

脚手架的破坏一般是横向框架失稳所致，因此，在横向框架内设置斜杆即廊道斜杆，对于提高脚手架的稳定强度尤为重要。对于"一"字形及开口型脚手架，应在两端横向框架内沿全高连续设置节点斜杆；对于30 m以下的脚手架，中间可不设廊道斜杆；对于30 m以上的脚手架，中间应每隔5～6跨设置一道沿全高连续的廊道斜杆；对于高层和重载脚手架，除按上述构造要求设置廊道斜杆外，当横向平面框架所承受的总荷载达到或超过25 kN时，该框架应增设廊道斜杆。用碗扣式斜杆设置廊道斜杆时，除脚手架两端框架可以设成节点斜杆外，中间框架只能设成非节点斜杆。

当设置高层卸荷拉结杆时，必须在拉结点以上第一层加设廊道水平斜杆，以防止卸荷时水平框架变形。斜杆既可用碗扣脚手架系列斜杆，也可用钢管和扣件代替，这样可使斜杆的设置更加灵活，从而不受接头内所装杆件数量的限制。特别是用钢管和扣件设置大剪刀撑（包括竖向剪刀撑及纵向水平剪刀撑），既可减少碗扣式斜杆的用量，又能使脚手架的受力性能得到改善。

竖向剪刀撑的设置应与碗扣式斜杆的设置相配合，一般高度在30 m以下的脚手架，可每隔4～6跨设置一组沿全高连续搭设的剪刀撑，每道剪刀撑跨越5～7根立杆，设剪刀撑的跨内不再设碗扣式斜杆；对于高度在30 m以上的高层脚手架，应沿脚手架外侧及全高方向连续设置，两组剪刀撑之间用碗扣式斜杆。其设置构造如图3—5所示。

纵向水平剪刀撑对于增强水平框架的整体性，均匀传递连墙撑的作用具有重要意义。对于30 m以上的高层脚手架，应每隔3～5步架设置一层连续的闭合的纵向水平剪刀撑。

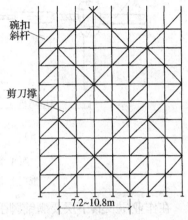

图3—5　剪刀撑设置构造

2. 连墙撑布置

连墙撑是脚手架与建筑物之间的连接件，对提高脚手架的横向稳定性，承受偏心荷载和水平荷载等具有重要作用。

连墙撑的设置按其承受全部水平荷载（包括风荷载及其他水平荷载），同时满足整架稳定竖向间距的要求而设计。

一般情况下，对于高度在30 m以下的脚手架，可四跨三步设置一个（约40 m²）；对于高层及重载脚手架，则要适当加密，50 m以下的脚手架至少应三跨三步布置一个（约25 m²）；50 m以上的脚手架至少应三跨二步布置一个（约20 m²）。连墙撑的设置应尽量采用梅花形布置方式。另外，当设置宽挑梁、提升滑轮、安全网支架，高层卸荷拉结杆等构件时，应增设连墙撑，对于物料提升架也要相应地增设连墙撑数目。

连墙撑应尽量连接在横杆层碗扣接头内，同脚手架、墙体保持垂直，并随建筑物及架子的升高及时设置，设置时要注意调整间隔，使脚手架竖向平面保持垂直。碗扣式连墙撑同脚手架连接与横杆同立杆连接相同，其构造如图3—6所示。扣件式连墙撑同脚手架的连接是靠扣件把连墙撑同脚手架横杆或立杆连接起来，其设置与扣件式脚手架连墙撑的设置方法相同。

3. 脚手板设置

脚手板可以使用碗扣式脚手架配套设计的钢制脚手板，也可使用其他普通脚手板、木脚手板、竹脚手板等。当使用配套设计的钢脚手板时，必须将其两端的挂钩牢固地挂在横杆上，不得有翘曲或浮放；当使用其他类型脚手板时应配合为其专门设计的间横杆一块使用，即当脚手板端头正好处于两横向横杆之间需要横杆支撑时，则在该处设间横杆作支撑。

单元

3

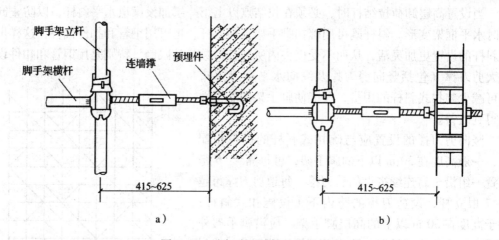

图3—6 碗扣式连墙撑的设置构造

a）混凝土墙固定用连墙撑 b）砖墙固定用连墙撑

在作业层及其下层要满铺脚手板，施工时，作业层升高一层，即把下面一层脚手板倒至上面作为作业层脚手板，两层交错上升。当架设梯子时，在每一层架梯拐角处铺设脚手板作为休息平台。

4. 挑梁的设置

当遇到某些建筑物有倾斜或凹进凸出时，窄挑梁上可铺设一块脚手板；宽挑梁上可铺设两块脚手板，其外侧立柱可用立杆接长，以便装防护栏杆。挑梁一般只作为作业人员的工作平台，不容许堆放重物。在设置挑梁的上、下两层框架的横杆层上要加设连墙撑，如图3—7所示。

把窄挑梁连续设置在同一立杆内侧每个碗扣接头内可组成爬梯，爬梯步距为0.60 m，其构造如图3—8所示。设置时在立杆左右两跨内要增护栏杆和安全网等安全设施，以确保人员上下安全。

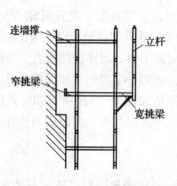

图3—7 挑梁设置构造

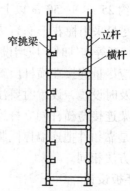

图3—8 窄挑梁组成爬梯构造

5. 安全网防护设置

安全网的设置应遵守国家标准。一般沿脚手架外侧要满挂封闭式安全网，以防止人或物件掉落至脚手架外侧。立网应与脚手架立杆、横杆绑扎牢固，绑扎间距小于

0.30 m。根据规定在脚手架底部和层间设置水平安全网，使用安全网支架。安全网支架可直接用碗扣接头固定在脚手架上，其结构布置如图3—9所示。

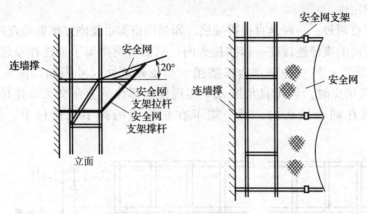

图3—9　安全网防护设置

6. 高层卸荷拉结杆设置

高层卸荷拉结杆主要是为减轻脚手架荷载而设计的一种构件。高层卸荷拉结杆的设置要根据脚手架高度和作业荷载而定，一般每30 m高卸荷一次，但总高度在50 m以下的脚手架可不用卸荷。（注：高层卸荷拉结杆所卸荷载的大小取决于卸荷拉结杆的几何性能及其装配的预紧力，可以通过选择拉杆截面尺寸、吊点位置及调整索具螺旋扣等来调整卸荷的大小。一般在选择拉杆及索具螺旋时，按能承受卸荷层以上全部荷载来设计；在确定脚手架卸荷层及其位置时，按能承受卸荷层以上全部荷载的1/3来计算。）

卸荷层应将拉结杆同每一根立杆连接卸荷，设置时，将拉结杆一端用预埋件固定在墙体上，另一端固定在脚手架横杆层下碗扣底下，中间用索具螺旋调节拉力，以达到悬吊卸荷目的，其构造形式如图3—10所示。卸荷层要设置水平廊道斜杆，以增强水平框架刚度。另外，用横托撑同建筑物顶紧，以平衡水平力。上、下两层增设连墙撑。

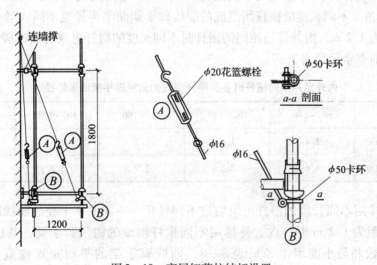

图3—10　高层卸荷拉结杆设置

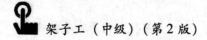

7. 直角交叉

对一般方形建筑物的外脚手架，在拐角处两直角交叉的排架要连在一起，以增强脚手架的整体稳定性。

连接形式有两种：一种是直接拼接法，即当两排脚手架刚好整框垂直相交时，可直接将两垂直方向的横杆连接在一碗扣接头内，从而将两排脚手架连在一起，这种构造如图3—11a所示；另一种是直角撑搭接，当受建筑物尺寸限制，两垂直方向脚手架非整框垂直相交时，可用直角撑ZJC实现任意部位的直角交叉。连接时将一端同脚手架横杆装在同一接头内，另一端卡在相垂直的脚手架横杆上，如图3—11b所示。

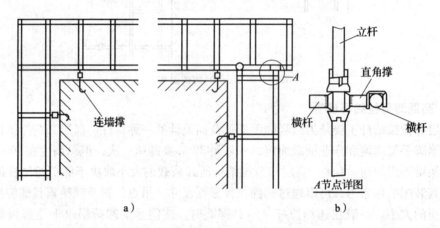

图3—11　直角交叉构造
a）直接拼接　b）直角撑搭接

8. 曲线布置

同一碗扣接头内，横杆接头可以插在下碗扣的任意位置，即横杆方向任意，因此，可进行曲线布置。两横杆轴线最小夹角为75°，内、外排用同样长度的横杆可以实现0°~15°的转角，不同长度的横杆所组成的曲线脚手架曲率半径也不同（转角相同时）。当立杆横距为1.2 m，内外排用相同的横杆时不同长度的横杆组成的曲线脚手架的内弧排架的最小曲率半径见表3—7。

表3—7　　　内外排用相同横杆时各种横杆组成的曲线脚手架曲率半径

横杆型号	HG-240	HG-180	HG-150	HG-120	HG-90
横杆长度（m）	2.4	1.8	1.5	1.2	0.9
最小曲率半径（m）	4.6	3.5	2.9	2.3	1.7

内、外排用不同长度的横杆可组装成不同转角，不同曲率半径的曲线脚手架。当立杆横向间距为1.2 m时，内、外排用不同横杆组成的曲线脚手架，其内弧排架的最大转角度数和最小曲率半径见表3—8。曲线脚手架的平面布置构造如图3—12所示。

单元
3

表3—8 内外排用不同横杆时各种横杆组成的曲线脚手架最大转角及最小曲率半径

组合杆件名称	每组最大转角（°）	最小曲率半径（m）
HG-240，HG-180	28	3.7
HG-180，HG-150	14	6.1
HG-180，HG-120	28	2.5
HG-150，HG-120	14	4.8
HG-150，HG-90	28	1.9
HG-120，HG-90	14	3.6

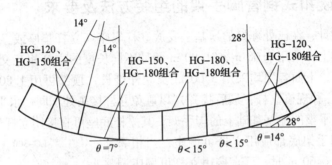

图3—12 曲线脚手架

实际布架时，可根据曲线曲率，选择弦长（纵向横杆长）和弦切角 θ（横杆转角），如果 θ 小于15°，则选用内、外排相同的横杆，每跨转角 θ，当转角累计达15°时（ $n\theta$ 不大于15°， n 为跨数），则选择内、外排不同长度横杆实现不同转角，此为一组；如果布架曲线曲率相同，则由几组组合即可满足要求。

用不同长度的横杆梯形组框与不同长度的横杆平行四边形组框混合组合，能组成曲率半径大于1.70 m的任意曲线布架。

四、地基与地基处理

搭设碗扣式钢管脚手架前，地基及其处理应遵守以下规定：

（1）脚手架基础必须按专项施工方案进行施工，按基础承载力要求进行验收。

（2）当地基高低差较大时，可利用立杆0.60 m节点位差进行调整。

（3）土层地基上的立杆应采用可调底座和垫板。

（4）双排脚手架立杆基础验收合格后，应按专项施工方案的设计进行放线定位。

（5）碗扣式脚手架地基处理的具体要求见表3—9。

表3—9 碗扣式脚手架地基处理要求

项次	项目	要求
1	脚手架高度30 m以下	脚手架立杆垫板采用长为2.0~2.5 m、宽大于200 mm、厚为50~60 mm木板，并垂直于墙面放置。采用长4 m左右的垫板时，应与墙面平行放置

单元 **3**

续表

项次	项目	要求
2	脚手架高度大于 30 m	地基为回填土时，要求除夯实外，还应采用枕木支垫，或在地基土上加铺 200 mm 厚的碎石，再在其上面铺设混凝土预制板，然后沿纵向仰铺 12～16 号槽钢，最后将脚手架立杆坐于槽钢上
3	脚手架高度大于 50 m	在地面下 1 m 深处用 3：7 灰土进行逐层夯实，再在其上浇筑厚 50 cm 的混凝土，待混凝土达到一定强度后，再铺设枕木搭设脚手架

五、双排外碗扣式钢管脚手架的组装方法及要求

根据布架设计，在已处理好的地基上安放立杆底座（立杆垫座或立杆可调座），然后将立杆插在其上，采用 3.00 m 和 1.80 m 两种不同长度的立杆相互交错、参差布置，如图 3—13 所示，上面各层均采用 3.00 m 长立杆接长，顶部再用 1.80 m 长立杆找齐（或同一层用同一种规格立杆，最后找齐）以避免立杆接头处于同一水平面上。

架设在坚实平整的地基基础上的脚手架，其立杆底座可直接用立杆垫座；地势不平或高层及重载脚手架底部应用立杆可调座；当相邻立杆地基高差小于 0.60 m 时，可直接用立杆可调座调整立杆高度，使立杆碗扣接头处于同一水平面内；当相邻立杆地基高差大于 0.60 m 时，则先调整立杆节间（即对于高差超过 0.60 m 的地基，立杆相应增长一个节间（0.60 m）），使同一层碗扣接头高差小于 0.60 m，再用立杆可调座调整高度，使其处于同一水平面内，如图 3—14 所示。

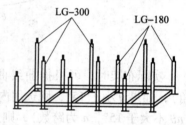

图 3—13 立杆平面布置

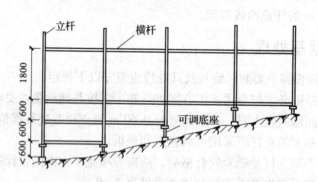

图 3—14 地基不平时立杆及其底座的设置

在装立杆时应及时设置扫地横杆，将所装立杆连成一整体，以保证立杆的整体稳定性。立杆同横杆的连接是靠碗扣接头锁定的，连接时，先将上碗扣滑至限位销以上并旋转，使其搁在限位销上，将横杆接头插入下碗扣，待应装横杆接头全部装好后，落下上碗扣并预锁紧。

碗扣式脚手架的底层组架最为关键，其组装的质量直接影响到整架的质量，因此，

要严格控制搭设质量。当组装完两层横杆后，首先应检查并调整水平框架的直角度和纵向直线度（对曲线布置的脚手架应保证立杆的正确位置）；其次应检查横杆的水平度，并通过调整立杆可调座使横杆间的水平偏差小于 1.40L；同时应逐个检查立杆底脚，并确保所有立杆不浮地松动。当底层架子符合搭设要求后，检查所有碗扣接头并锁紧。在搭设过程中，应随时注意检查上述内容，并调整。

立杆的接长是靠焊于立杆顶端的连接管承插而成，立杆插好后，使上部立杆底端连接孔同下部立杆顶端连接孔对齐，插入立杆连接销并锁定。

六、双排外碗扣式钢管脚手架的材料用量

碗扣式钢管脚手架的材料用量计算公式见表 3—10。

表 3—10　　　　　　碗扣式钢管脚手架的材料用量计算公式

脚手架杆部件名称		杆部件型号	数量计算公式	备注
基本框架构件	3.0 m 立杆	LG－300	$2(A+a)(H-1.8)/(3a)$	每根立柱除用一根 1.8 m 立柱交错布置外，其余全部用 3.0 m 立杆
	1.8 m 立杆	LG－120	$2(A+a)/a$	
	1.2 m 横杆	HG－120	$(A+a)(H+1.8)/(1.8a)$	廊道横杆
	横杆	HG－C	$2A(H+1.8)/(1.8a)$	长度 $C=1.2$ m、1.5 m、1.8 m、2.4 m
	斜杆	XG－d	$AH/(3.6a)$	长度 $d=216$ cm、234 cm、255 cm、300 cm
	立杆底座	LDZ（KTZ）	$2(A+a)/a$	立杆底座可用垫座或可调座
	立杆连接销	LLX	$2(A+a)(H-1.8)/(3a)$	
	连墙撑	LC	$(A+3a)(H+5.4)/16.2$	按三跨三层布置一个
作业层（层）和防护杆件	安全网支架	AWJ	$(A+2a)/2a$	按每两跨一个计
	安全网	AW	$2.5A$	单位：m²
	脚手板	JB－a	$5A/a$	长度 $C=1.2$ m、1.5 m、1.8 m、2.4 m
	窄挑梁	TL－30	A/a	

注：1. 表中脚手架构件数量是按立杆横距 b 为 1.20 m、步距 h 为 1.80 m 计算的。

2. A 为脚手架纵向长度；H 为脚手架高度；a 为立杆纵距，取 0.90 m、1.20 m、1.50 m、1.80 m 或 2.40 m。

3. 表中只列出了基本框架主构件和一层作业层及安全防护构件用量计算公式，实际计算时，尚需考虑作业层数及廊道斜杆等。

为便于进行碗扣式双排脚手架杆部件用量计算，表 3—11 列出了不同立杆纵距时每平方米脚手架立面各种杆部件用量及总重量。

表 3—11　　　不同立杆纵距时每平方米脚手架立面各种杆部件用量及其总重量

1.2 m			1.5 m			1.8 m			2.4 m		
杆部件型号	数量（m）	重量（kg）	杆部件型号	数量（m）	重量（kg）	杆部件型号	数量（m）	重量（kg）	杆部件型号	数量（m）	重量（kg）
LG－180 LG－300	1.667	9.485	LG－180 LG－300	1.333	7.585	LG－180 LG－300	1.111	6.322	LG－180 LG－300	0.833	4.740

续表

1.2 m			1.5 m			1.8 m			2.4 m		
杆部件型号	数量(m)	重量(kg)	杆部件型号	数量(m)	重量(kg)	杆部件型号	数量(m)	重量(kg)	杆部件型号	数量(m)	重量(kg)
HG－120	1.389	7.112	HG－120	0.370	1.894	HG－120	0.309	1.582	HG－120	0.231	1.183
XG－216	0.231	1.532	HG－150	0.741	4.653	HG－180	0.617	4.584	HG－240	0.463	4.505
LLX	0.556	0.095	XG－234	0.185	1.308	XG－255	0.154	1.167	XG－300	0.116	1.012
			LLX	0.444	0.075	LLX	0.370	0.063	LLX	0.278	0.047
脚手架用量 18.224 kg/m²			脚手架用量 15.515 kg/m²			脚手架用量 13.718 kg/m²			脚手架用量 11.487 kg/m²		

注：1. 表中数值是按立杆横向间距 b 为 1.20 m，横杆步距为 1.80 m，斜杆按外侧隔框布置计算。

2. 为方便起见，立杆数值以米计，实际应用时，再根据需要折算成 3.00 m 或 1.80 m 立杆数量。

3. 表中数值未列出连墙撑、脚手板、挑梁、廊道斜杆、纵向及水平剪刀撑等杆部件用量，使用时根据实际需要计算。

第三节 单排外碗扣式钢管脚手架

培训目标

→ 掌握单排外碗扣式钢管脚手架的组架结构及构造
→ 掌握单排外碗扣式钢管脚手架的组架方法
→ 掌握单排外碗扣式钢管脚手架的材料用量

单元 **3**

一、单排外碗扣式钢管脚手架的组架结构及构造

使用单排横杆可以搭设单排脚手架。单排横杆长度有 1.40 m（DHG－140）和 1.80 m（DHF－180）两种，立杆与建筑物墙体之间的距离可根据施工具体要求在 0.70～1.50 m 范围内调节。脚手架步距一般取 1.80 m，立杆纵距则根据作业荷载要求在 2.40 m、1.80 m、1.50 m、1.20 m 及 0.90 m 五种尺寸中选取。单排脚手架斜杆、剪刀撑、脚手板及安全防护设施等杆部件设置参见双排脚手架。

单排碗扣式脚手架最易进行曲线布置，横杆转角在 0°～30°任意设置（即两纵向横杆之间的夹角为 180°～150°），特别适用于烟囱、水塔、桥墩等圆形建筑物。当进行圆曲线布置时，两纵向横杆之间的夹角最小为 150°，故搭设成的圆形脚手架最少为 12 边形。实际使用时，只需根据曲线及荷载要求，选择适当的弦长（立杆纵距）即可，圆曲线脚手架的平面构造形式如图 3—15 所示。曲线脚手架的斜杆应用碗扣式斜杆，其设置密度应不小于整架的 1/4；对于截面沿高度变化的建筑物，可以用不同单排横杆，以适应立杆至墙间距离的变化，其中 1.40 m 单横杆，立杆至墙间距离由 0.70～1.10 m 可调，1.80 m 的单横杆，立杆至墙间距离由 1.10～1.50 m 可调，当这两种单横杆不能满足要求时，可以增加其他任意长度的单排横杆，其长度可按两端铰接的简支梁设计。

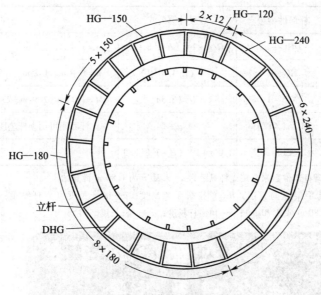

图 3—15　圆曲线单排脚手架

二、单排外碗扣式钢管脚手架的组架方法

单排横杆一端焊有横杆接头，可用碗扣接头与脚手架连接固定，另一端带有活动夹板，用夹板将横杆与整体夹紧。这种构造如图 3—16 所示。

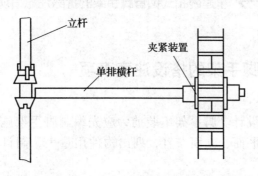

图 3—16　单排横杆设置构造

三、单排外碗扣式钢管脚手架的材料用量

碗扣式单排脚手架的杆部件用量，见表 3—12。

表 3—12　　　　　　　　　　碗扣式单排脚手架的杆部件用量

杆部件名称	杆部件型号	数量计算公式	备注
3.0 m 立杆	LG-300	$(A/a+1)(H-1.8)/3$	每根立杆除用一根 1.8 m 立杆交错布置外，其余全部都采用 3.0 m 立杆
1.8 m 立杆	LG-180	$A/a+1$	

续表

杆部件名称	杆部件型号	数量计算公式	备注
长 b 的单排横杆	DHG – b	$(H/a + 1)(H/1.8 + 1)$	b = 1.4 m、1.8 m
长 a 的单排横杆	HG – a	$A/a\ (H/1.8 + 1)$	a = 0.9 m、1.2 m、1.5 m、1.8 m、2.4 m
斜杆	XG – d	$AH/(3.6a)$	d = 170 cm、216 cm、234 cm、255 cm、300 cm
立杆底座	LDZ（KTZ）	$A/a + 1$	立杆底座可用立杆垫座或立杆可调座
立杆连接销	LLX	$(A/a + 1)(H - 1.8)/3$	

注：1. 表中脚手架杆部件数量是按立杆纵距为 a，步距 h 为 1.80 m 计算的。

2. A—单排脚手架纵向长度；H—单排脚手架高度；a—横杆长度（立杆纵距，取 0.90 m、1.20 m、1.50 m、1.80 m 或 2.40 m）；b—单横杆长度；d—斜杆长度。

第四节 碗扣式钢管脚手架的搭设及拆除

➡ 掌握碗扣式钢管脚手架的搭设注意事项

➡ 掌握检验验收和使用管理

➡ 掌握碗扣式钢管脚手架的拆除注意事项

单元 3

一、碗扣式钢管脚手架的搭设注意事项

1. 搭设前准备

（1）脚手架布架设计。脚手架组装前，应先编制脚手架施工组织设计。明确使用荷载，确定脚手架平面、立面布置，列出构件用量表，制订构件供应和周转计划等。

（2）构件检验。所有构件必须经检验合格后方能投入使用。

（3）地基处理。首先应清除组架范围内的杂物，并根据对地基承载力的要求，采取相应的地基处理措施，做好排水处理。

2. 搭设注意事项

（1）碗扣接头的组装。碗扣接头是碗扣式脚手架的核心构造，脚手架立杆同横杆、斜杆靠碗扣接头连接，其连接质量直接关系到脚手架整架的组装质量，因此应确保碗扣接头锁定牢靠。组装时，先将上碗扣搁置在限位销上，将横杆、斜杆等接头插入下碗扣，使接头弧面与立杆密贴，待全部接头插入后，将上碗扣套下，并用榔头顺时针沿切线敲击上碗扣凸头，直至上碗扣被限位销卡紧不再转动为止。

如果发现上碗扣扣不紧或限位销不能进入上碗扣螺旋面，应检查立杆与横杆是否垂直，相邻的两个下碗扣是否在同一水平面上（横杆水平度是否符合要求）；下碗扣与立杆的同轴度是否符合要求；下碗扣的水平面同立杆轴线的垂直度是否符合要求；横杆接头与横杆是否变形；横杆接头的弧面中心线同横杆轴线是否垂直；下碗扣内有无砂浆等杂物充填等；如果是装配原因，则应调整后锁紧；如果是杆件本身原因，则应拆除，并送去整修。

（2）杆件组装顺序。在已处理好的地基或基垫上按设计位置安放立杆垫座或可调座，其上交错安装 3.00 m 和 1.80 m 长立杆，调整立杆可调座，使同一层立杆接头处于同一水平面内，以便装横杆。组装顺序是：立杆底座→立杆→横杆→斜杆→接头锁紧→脚手板→上层立杆→立杆连接销→横杆。

脚手架组装以 3~4 人为一小组为宜，其中 1~2 人递料，另外两人共同配合组装，每人负责一端。组装时，要求至多两层向同一方向，或由中间向两边推进，不得从两边向中间合拢组装，否则中间杆件会因两侧架子刚度太大而难以安装。

值得注意的是，碗扣式脚手架的组装关键是要把好底部架，即第 1~3 步架的组装质量关，因为头两步架的搭设质量不仅关系到整架的组装质量，而且也关系到整架的组装速度，要求搭设头两步架时，必须保证立杆的垂直度和横杆的水平度，使碗扣接头连接牢靠，待将头两步架调整好以后，将碗扣接头锁紧，再继续搭设上部脚手架。

（3）组装注意事项。所有构件都应按设计及脚手架有关规定设置。

1）在搭设过程中，应注意调整整架的垂直度，一般通过调整连墙撑的长度来实现，要求整架垂直度小于 $L/500$，但最大允许偏差为 100 mm。

2）连墙撑应随着脚手架的搭设而随时在设计位置设置，并尽量与脚手架和建筑物外表面垂直。

3）在搭设、拆除或改变作业程序时，禁止人员进入危险区域。

4）脚手架应随建筑物升高而随时设置，一般不应超出建筑物两步架。

5）单排横杆插入墙体后，应将夹板用榔头击紧，不得浮放。

二、检验验收和使用管理

1. 碗扣式钢管脚手架的检验依据

碗扣式钢管脚手架验收时应具备下列技术文件：

（1）专项施工方案及变更文件。

（2）安全技术交底文件。

（3）周转使用的脚手架构配件使用前的复验合格记录。

（4）搭设的施工记录和质量安全检查记录。

2. 构配件的检验与验收

（1）碗扣式脚手架构件主要是焊接而成，故检验的关键是焊接质量，要求焊缝饱满，没有咬肉，夹渣，裂纹等缺陷。

（2）钢管应无裂缝、凹陷、锈蚀。

（3）立杆最大弯曲变形矢高不超过 $L/500$，横杆斜杆变形矢高不超过 $L/250$。

单元

3

（4）可调构件螺纹部分完好，无滑丝现象，无严重锈蚀，焊缝无脱开现象。

（5）脚手板、斜脚手板及梯子等构件，挂钩及面板应无裂纹，无明显变形，焊接牢固。

3. 整架检验与验收

（1）检查阶段。在下列阶段应对脚手架进行检查：

1）每搭设10 m高度。

2）达到设计高度。

3）遇有6级及以上大风和大雨、大雪之后。

4）停工超过一个月恢复使用前。

（2）检验主要内容

1）基础是否有不均匀沉陷。

2）立杆垫座与基础面是否接触良好，有无松动或脱离情况。

3）检验全部节点的上碗扣是否锁紧。

4）连墙撑、斜杆及安全网等构件的设置是否达到了设计要求。

5）安全防护设施是否安全、可靠。

6）整架垂直度是否符合要求。

7）荷载是否超过规定。

（3）主要技术要求

1）地基基础表面要坚实平整，垫板放置牢靠，排水通畅。

2）不允许立杆有浮地松动现象。

3）整架垂直度应小于$L/500$，但最大不超过100 mm。

4）对于直线布置的脚手架，其纵向直线度应小于$L/200$。

5）横杆的水平度，即横杆两端的高度偏差应小于$L/400$。

6）所有碗扣接头必须锁紧。

4. 使用管理

（1）脚手架的施工和使用应设专人负责，并设安全监督检查人员，确保脚手架的搭设和使用符合设计和有关规定要求。

（2）在使用过程中，应定期对脚手架进行检查，严禁乱堆乱放，应及时清理各层堆积的杂物。

（3）不得将脚手架构件等物从过高的地方抛掷，不得随意拆除已投入使用的脚手架构件。

三、碗扣式钢管脚手架的拆除注意事项

碗扣式钢管脚手架拆除前，应由工程负责人进行书面安全技术交底，并制定详细的应急预案，落实操作、监管责任后方可拆除。

脚手架具体拆除操作顺序为：安全网→护身栏杆和挡脚板→脚手板→连墙件→剪刀撑的上部扣件和接杆→抛撑→横向水平杆→纵向水平杆→立杆→底座和垫板。

碗扣式钢管脚手架拆除注意事项如下：

（1）脚手架拆除时，必须按专项施工方案，在专人统一指挥下进行。

（2）拆除作业前，施工管理人员应对操作人员进行安全技术交底。

（3）拆除时必须划出安全区，并设置警戒标志，派专人看守。

（4）拆除前应清理脚手架上的器具及多余的材料和杂物。

（5）拆除作业应从顶层开始，逐层向下进行，严禁上下层同时拆除。

（6）连墙件必须在双排脚手架拆到该层时方可拆除，严禁提前拆除。

（7）拆除的构配件应采用起重设备吊运或人工传递到地面，严禁抛掷。

（8）当双排脚手架采取分段、分立面拆除时，必须事先确定分界处的技术处理方案。

（9）拆除的构配件应分类堆放，以便于运输、维护和保管。

实训2 搭设碗扣式钢管外脚手架

一、实训内容

搭设外墙用双排碗扣式钢管脚手架。立杆纵距为 1.50 m，脚手架长度为 8 跨，立杆横距为 1.20 m，立杆步距为 1.20 m，脚手架高度为 5 步。按规定要求设置抛撑、剪刀撑及连墙件，两端横向设置斜杆。铺设竹串片脚手板。

二、准备要求

1. 人员要求

搭设人员 4 人。

2. 工具准备

线绳、吊线锤、水平尺等测量工具若干，锤子、钢卷尺若干。

3. 材料准备

底座，垫板，1.80 m、3.00 m 立杆，1.20 m 横杆，竹串片脚手板若干。

4. 技术准备

及时将搭设简图发给学员，并对搭设人员进行安全技术交底。

5. 安全防护用品准备

准备安全帽、安全带若干，并对使用人员介绍安全用品的正确使用方法。

6. 场地准备

在搭设现场周围 5 m 范围内设置警戒区。

三、操作步骤

步骤 1 平整搭设场地，夯实基土。

步骤 2 铺设垫板，定位出各立杆的位置，按定位线摆放底座。

步骤 3 调整底座螺母使其上沿处于同一水平面。

步骤 4 按搭设工艺要求从脚手架端部或中间搭设扫地杆、立杆、横杆，形成一组

单元

3

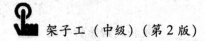

框架，再向一端或两端延伸搭设。

步骤5 第一步架搭设完成后，要及时检查立杆的垂直度和横杆的水平度，合格后再进行搭设。随搭设进度逐步安装竹串片脚手板，及时设置纵向斜杆、横向斜杆和连墙件。

步骤6 搭设完毕后，检查结构是否合理，对所有碗扣接头逐个检查并紧固。

四、质量验收及评分标准

搭设质量按碗扣式钢管脚手架搭设技术要求、允许偏差分项验收，见表3—13。

表3—13　　　　碗扣式钢管脚手架搭设训练项目及要求评分表

序号	训练项目	训练内容	评分标准	配分	扣分	得分
1	口述回答	本项目主要安全技术要求	能回答5项以上得满分，每缺一项扣3分	10		
2	施工准备	施工准备，材料进场	构配件按要求配齐，按要求检查，每缺一项扣5分	10		
3	操作	按操作程序搭设	符合操作顺序得满分，每错一次扣2分	10		
		组合方式	错误不得分	10		
		组架方法	不及时设置连墙件扣3分，斜杆设置不当扣3分，出现探头板扣3分	10		
		正确使用工具	不能正确使用工具，视情况酌情扣1~3分	5		
4	质量要求	立杆垂直度	超出误差范围不得分	5		
		斜杆、连墙件	结构正确、布局合理得满分，否则酌情扣分	10		
		碗扣接头连接紧固	每个碗扣接头不符合要求扣0.5分	5		
5	文明施工	操作现场整洁	施工完现场不清理，扣3~5分	5		
6	安全施工	遵守安全操作规程	重大事故本项目无分，一般事故扣3~5分	10		
7	工效	时间定额	在规定时间的±10 min内完成得满分，超时酌情扣分	10		
8	合计			100		

五、注意事项

（1）脚手架搭设人员必须是经过培训的架子工。

（2）搭设人员要穿戴好安全帽、工作手套、防滑鞋后上架作业，衣服要轻便，高处作业必须系安全带。

（3）搭设人员作业时，要精力集中，注意相互之间的协作，严格按搭设操作规程的要求完成架体搭设。

（4）每搭完一步，应及时校正脚手架的水平框架的直角度和纵向直线度，使其直角度偏差小于3.5°，纵向直线度偏差小于$L/200$，并通过调整立杆的可调底座使横杆间

的水平偏差小于 $L/400$，符合要求后才能继续向上搭设。

（5）在搭至有连墙杆（或抛撑）的构造点时，搭完该处立杆、纵向水平杆、横向水平杆后，应立即设置连墙杆（或抛撑），将架体固定牢固后方可继续搭设。

（6）纵向斜杆和横向斜杆要随架子的搭设同步设置。

（7）搭完后要对碗扣接头进行检查，发现松动及时锁紧。

（8）搭设脚手架时，应派专人看守地面设置的警戒区，严禁非操作人员入内。

单元测试题

一、填空题（请将正确的答案填写在横线空白处）

1. 碗扣式钢管脚手架采用每隔_____ m 设 1 套碗扣接头的定型立杆和两端焊有接头的定型横杆。

2. 重型碗扣式钢管架脚手架取较小的_____；用于重载作业或作为高层外脚手架的底部架。

3. 碗扣式钢管脚手架的斜杆应尽量布置在_____，对于高度在 30 m 以下的脚手架，可根据荷载情况，设置斜杆的面积为整架立面面积的_____；对于高度超过 30 m 的高层脚手架，设置斜杆的框架面积要不小于整架面积的_____。在拐角边缘及端部必须设置斜杆，中间可均匀间隔布置。

4. 对于 30 m 以下的碗扣式钢管脚手架，中间可_____廊道斜杆；对于 30 m 以上的碗扣式钢管脚手架，中间应每隔 5～6 跨设置一道沿全高连续的廊道斜杆。

5. 对于_____ m 以上的高层碗扣式钢管脚手架，应每隔 3～5 步架设置一层连续的闭合的纵向水平剪刀撑。

6. 碗扣式钢管脚手架连墙撑布置一般情况下，对于高度在 30 m 以下的脚手架，可_____设置一个（约 40 m²）；

二、判断题（下列判断正确的请打"√"，错误的请打"×"）

1. 碗扣式钢管脚手架碗扣接头可同时连接 6 根横杆，可以相互垂直或偏转一定角度。 （　）

2. 碗扣式钢管脚手架的破坏一般是横向框架失稳所致，因此，在横向框架内设置斜杆即廊道斜杆，对于提高脚手架的稳定强度尤为重要。 （　）

3. 对于"一"字形及开口型碗扣式钢管脚手架，应在两端横向框架内沿全高连续设置节点斜杆。 （　）

4. 当设置碗扣式钢管脚手架高层卸荷拉结杆时，必须在拉结点以上第一层加设廊道水平斜杆，以防止卸荷时水平框架变形。 （　）

5. 碗扣式钢管脚手架设置的挑梁一般只作为作业人员的工作平台，容许堆放重物。 （　）

6. 碗扣式钢管脚手架在装立杆时应及时设置扫地横杆，将所装立杆连成一整体，以保证立杆的整体稳定性。 （　）

7. 单排碗扣式脚手架不易进行曲线布置。 （　）

单元

3

三、多项选择题（下列每题的选项中，至少有两个是正确的，请将其代号填写在横线上）

1. 碗扣式钢管脚手架碗扣接头是该脚手架系统的核心部件，它由_____等组成。

    A. 上、下碗扣   B. 横杆接头

    C. 上碗扣的限位销   D. 螺栓

2. 碗扣式钢管脚手架性能特点_____。

    A. 多功能   B. 通用性强   C. 承载力大   D. 安全可靠

3. 碗扣式钢管脚手架主构件有_____。

    A. 立杆   B. 顶杆   C. 横杆   D. 斜杆

4. 碗扣式钢管脚手架用于作业面的辅助构件有_____。

    A. 间横杆   B. 脚手板   C. 挡脚板   D. 架梯

5. 双排碗扣式钢管脚手架按施工作业要求与施工荷载的不同，可组合成_____。

    A. 轻型架   B. 普通型架   C. 重型架   D. 中型架

6. 碗扣式钢管脚手架整架检验应当在_____阶段进行检查验收。

    A. 每搭设 10 m 高度

    B. 达到设计高度

    C. 遇有 6 级及以上大风和大雨、大雪之后

    D. 停工超过一个月恢复使用前

7. 碗扣式钢管脚手架整架检验的主要内容有_____。

    A. 基础是否有不均匀沉陷

    B. 检验全部节点的上碗扣是否锁紧

    C. 立杆垫座与基础面是否接触良好，有无松动或脱离情况

    D. 连墙撑、斜杆及安全网等构件的设置是否达到了设计要求

四、简答题

1. 简述碗扣式钢管脚手架组装顺序。

2. 简述碗扣式钢管脚手架组装注意事项。

3. 碗扣式钢管脚手架验收时应具备哪些技术文件？

4. 碗扣式钢管脚手架整架检验与验收有哪些主要技术要求？

5. 碗扣式钢管脚手架拆除时应当注意哪些事项？

单元测试题答案

一、填空题

1. 0.60 2. 立杆纵距（0.90 m 或 1.20 m）   3. 框架节点上 1/5 ~1/2 1/2

4. 不设 5. 30 6. 四跨三步

二、判断题

1. ×   2. √   3. √   4. √   5. ×   6. √   7. √

三、多项选择题

1．ABC　　2．ABCD　　3．ABCD　　4．ABC　　5．ABC　　6．ABCD

7．ABCD

四、简答题

答案略。

单元

3

第4单元

门式钢管脚手架

第一节 门式钢管脚手架构配件的质量检验

→ 了解门架及配件的性能要求
→ 掌握门架及配件的外观焊接质量及表面涂层的要求
→ 了解门架及配件基本尺寸的允许偏差
→ 掌握门式钢管脚手架的质量检验要点

一、门架及配件的性能要求

门式钢管脚手架门架及配件的性能要求见表4—1。

表4—1　　　　　　　　门架及配件的性能要求

序号	名称	项 目		规定值	
				平均值	最小值
1	门架	立杆抗压承载能力/kN	高度 $h = 1\ 900$ mm	70	65
2			高度 $h = 1\ 700$ mm	75	70
3			高度 $h = 1\ 500$ mm	80	75
4		横杆跨中挠度/mm		10	
5		锁销承载能力/kN		6.3	6
6	配件	水平架、脚手板	抗弯承载能力/kN	5.4	4.9
7			跨中挠度/mm	10	
8			搭钩（4个）承载能力/kN	20	18
9			挡板（4个）抗脱承载能力/kN	3.2	3
10		交叉支撑抗压承载能力/kN		7.5	7
11		连接棒抗拉承载能力/kN		10	9.5
12		锁臂	抗拉承载能力/kN	6.3	5.8
13			拉伸变形/mm	2	
14		连墙杆抗拉和抗压承载能力/kN		10	9
15		可调底座抗压承载能力/kN	$L_1 \leqslant 200$ mm	45	40
16			$200 < L_1 \leqslant 250$ mm	42	38
17			$250 < L_1 \leqslant 300$ mm	40	36
18			$L_1 \leqslant 300$ mm	38	34

注：表中的平均值和最小值必须同时满足。

单元 **4**

二、门架及配件的外观焊接质量及表面涂层质量要求

门式钢管脚手架门架及配件的外观焊接质量及表面涂层质量要求见表4—2。

表4—2　　　　　　　　门架及配件的外观焊接质量及表面涂层质量要求

序号	项目	内容	说明
1	外观要求	门架钢管	表面应无裂纹、凹陷、锈蚀，不得用接长钢管
		水平架、脚手板、钢梯的搭钩	应焊接或铆接牢固
		各杆件端头压扁部分	不得出现裂纹
		销钉孔、铆钉孔	应采用钻孔，不得使用冲孔
		脚手板、钢梯踏步板	应有防滑功能
2	尺寸要求	门架及配件尺寸	必须按设计要求确定
		锁销直径	不应小于13 mm
		交叉支撑销孔孔径	不得大于16 mm
		连接棒、可调底座的螺杆及固定座的插杆	插入门架立杆中的长度不得小于95 mm
		挂扣式脚手板、钢梯踏步板	厚度不小于1.2 mm，搭钩厚度不应小于7 mm
3	焊接要求	门架各杆件焊接	应采用手工电弧焊，若能保证焊接强度不降低，也可采用其他焊接方法
		门架立杆与横杆的焊接螺杆、插管与底板的焊接	必须采用周围焊接
		焊缝高度	不得小于2 mm
		焊缝表面	应平整光滑，不得有漏焊、焊穿、裂缝和夹渣
		焊缝内气孔	气孔直径不应大于1.0 mm，每条焊缝内的气孔数量不得超过两个
		焊缝立体金属咬肉	咬肉深度不得超过0.5 mm，长度总和不应超过焊缝长度的10%
4	表面涂层要求	门架	宜采用镀锌处理
		连接棒、锁臂、可调底座，脚手板、水平架和钢梯的搭钩	应采用表面镀锌处理，镀锌表面应光滑，连接处不得有毛刺、滴瘤和多余结块
		门架及其他未镀锌配件	不镀锌表面应刷涂、喷涂或浸涂防锈漆两道，面漆一道，也可采用磷化烤漆。油漆表面应均匀，无漏涂、流淌、脱皮、裂纹等缺陷

单元 4

三、门架及配件基本尺寸的允许偏差

门式钢管脚手架门架及配件基本尺寸的允许偏差见表4—3。

表4—3　　　　　门架及配件基本尺寸的允许偏差

序号	名称	项目	允许偏差/mm		主要项目	一般项目
			优良	合格		
1	门架	高度 h	±1.0	±1.5		
2		宽度 b（封闭端）				
3		立杆端面垂直度	0.3	0.3		
4		销锁垂直度	±1.0	±1.5		
5		销锁间距				
6		销锁直径	±0.3	±0.3		
7		对角线差	2.0	3.5		
8		平面度	4.0	6.0		
9		两钢管相交轴线差	±1.0	±2.0		
10	水平架脚手板钢梯	搭钩中心距	±1.5	±2.0		
11		宽度	±2.0	±3.0		
12		平面度	4.0	6.0		
13	交叉支撑	两孔中间距离 l	±1.5	±2.0		
14		孔至销钉距离				
15		孔直径	±0.3	±0.5		
16		孔与钢管轴线	±1.0	±1.5		
17	连接棒	长度	±3.0	±5.0		
18		套环高度	±1.0	±1.5		
19		套环端面垂直度	0.3	0.3		
20	锁臂	两孔中心距	±1.5	±2.0		
21		宽度	±1.5	±2.0		
22		孔径	±0.3	±0.5		
23	底座托座	长度	±3.0	±5.0		
24		螺杆的直线度	±1.0	±1.0		
25		手柄端面垂直度	L/200	L/200		
26		插管、螺杆与底面的垂直度				

四、门式钢管脚手架的质量检验要点

（1）门式脚手架与模板支架搭设前，对门架与配件的基本尺寸、质量和性能应按《门式钢管脚手架》（JG 13—1999）的规定进行检查，确认合格后方可使用。

（2）施工现场使用的门架与配件应具有产品质量合格证，且标志清晰，并应符合下列要求：

1）门架与配件表面应平直光滑，焊缝应饱满，不应有裂缝、开焊、焊缝错位、硬弯、凹痕、毛刺、锁柱弯曲等缺陷。

2）门架与配件表面应涂刷防锈漆或镀锌。

（3）周转使用的门架与配件，应按表4—4的规定经分类检查确认为A类方可使用；B类、C类应经试验、维修达到A类后方可使用；不得使用D类门架和配件。

表4—4 门架与配件质量类别及处理规定

序号	类别	质量类别	处理规定
1	A类	有轻微变形、损伤、锈蚀	经清除黏附砂浆泥土等污物，除锈、重新油漆等保养工作后可继续使用
2	B类	有一定程度变形或损伤（如弯曲、下凹），锈蚀轻微	应经矫正、平整、更换部件、修复、补焊、除锈、油漆等修理保养后继续使用
3	C类	锈蚀较严重	应抽样进行荷载试验后确定能否使用，试验应按《门式钢管脚手架》（JG 13—1999）中的有关规定进行。经试验确定可使用者，应按B类要求经修理保养后使用；不能使用者，则按D类处理
4	D类	有严重变形、损伤或锈蚀	不得修复，应报废处理

（4）在施工现场每使用一个安装拆除周期，应对门架、配件采用目测、尺量的方法检查一次。锈蚀深度检查时，应按表4—5的规定抽取样品，在每个样品锈蚀严重的部位宜采用测厚仪或横向截断取样检测，当锈蚀深度超过规定值时不得使用。

表4—5 门架与配件抽样检查

序号	项目	内容
1	抽样方法	C类品中，应采用随机抽样方法，不得挑选
2	样本数量	C类样品中，门架或配件总数小于或等于300件时，样本数不得少于3件；大于300件时，样本数不得少于5件
3	样品试验	试验项目及试验方法应符合《门式钢管脚手架》（JG 13—1999）的有关规定

（5）加固杆、连接杆等所用钢管和扣件的质量，除应符合上述有关的规定外，还应满足下列要求：

1）应具有产品质量合格证。

2）严禁使用有裂缝、变形的扣件，出现滑丝的螺栓必须更换。

3）钢管和扣件应涂有防锈漆。

（6）底座和托座应有产品质量合格证，在使用前应对调节螺杆与门架立杆配合间隙进行检查。

（7）连墙件、型钢悬挑梁、U形钢筋拉环或锚固螺栓，应具有产品质量合格证或质量检验报告，在使用前应进行外观质量检查。

单元
4

第二节 门式钢管脚手架的构造

培训目标

→ 掌握地基要求
→ 掌握门架构造
→ 掌握加固杆构造要求
→ 掌握转角处门架连接
→ 掌握连墙件构造要求
→ 掌握通道口构造要求
→ 掌握满堂脚手架构造要求
→ 掌握斜梯构造要求
→ 掌握满堂脚手架构造要求

一、地基要求

（1）门式脚手架与模板支架的地基承载力应根据相关的规定经计算确定，根据不同地基土质和搭设高度条件，按表4—6的规定搭设。

表4—6   地基要求

搭设高度/m	地基土质		
	中低压缩性且压缩性均匀	回填土	高压缩性或压缩性不均匀
≤24	夯实原土，干重力密度要求15.5 kN/m³。立杆底座置于面积不小于0.075 m²的垫木上	土夹石或素土回填夯实，立杆底座置于面积不小于0.10 m²垫木上	夯实原土，铺设通长垫木
>24且≤40	垫木面积不小于0.01 m²，其余同上	砂夹石回填夯实，其余同上	夯实原土，在搭设地面满铺C15混凝土，厚不小于150 mm
>40且≤55	垫木面积不小于0.15 m²或铺通长垫土，其余同上	砂夹石回填夯实，垫木面积不小于0.15 m²或铺通长垫木	夯实原木，在搭设地面满铺C15混凝土，厚度不小于200 mm

注：垫木厚度不小于50 mm，宽度不小于200 mm；通长垫木的长度不小于1 500 mm。

（2）门式脚手架与模板支架的搭设场地必须平整坚实，并应符合下列规定：

1）回填土应分层回填，逐层夯实。

2）场地排水应顺畅，不应有积水。

（3）搭设门式脚手架的地面标高宜高于自然地坪标高50～100 mm。

（4）当门式脚手架与模板支架搭设在楼面等建筑结构上时，门架立杆下宜铺设垫板。

单元 **4**

二、门架构造

（1）门架应能配套使用，在不同组合情况下，均应保证连接方便、可靠，且应具有良好的互换性。

（2）不同型号的门架与配件严禁混合使用。

（3）上下榀门架立杆应在同一轴线位置上，门架立杆轴线的对接偏差不应大于2 mm。

（4）门式脚手架的内侧立杆离墙面净距不宜大于150 mm；当大于150 mm时，应采取内设挑架板或其他隔离防护的安全措施。

（5）门式脚手架顶端栏杆宜高出女儿墙上端或檐口上端1.50 m。

三、配件要求

（1）配件应与门架配套，并应与门架连接可靠。

（2）门架的两侧应设置交叉支撑，并应与门架立杆上的锁销锁牢。

（3）上下榀门架的组装必须设置连接棒，连接棒与门架立杆配合间隙不应大于2 mm。

（4）门式脚手架或模板支架上下榀门架间应设置锁臂；当采用插销式或弹销式连接棒时，可不设锁臂。

（5）门式脚手架作业层应连续满铺与门架配套的挂扣式脚手板，并应有防止脚手板松动或脱落的措施。当脚手板上有孔洞时，孔洞的内切圆直径不应大于25 mm。

（6）底部门架的立杆下端宜设置固定底座或可调底座。

（7）可调底座和可调托座的调节螺杆直径不应小于35 mm，可调底座的调节螺杆伸出长度不应大于200 mm。

四、加固杆构造要求

1. 门式脚手架剪刀撑的设置

门式脚手架剪刀撑的设置必须符合下列规定：

（1）当门式脚手架搭设高度在24 m及以下时，在脚手架的转角处、两端及中间间隔不超过15 m的外侧立面必须各设置一道剪刀撑，并应由底至顶连续设置。

（2）当脚手架搭设高度超过24 m时，在脚手架全外侧立面上必须设置连续剪刀撑。

（3）对于悬挑脚手架，在脚手架全外侧立面上必须设置连续剪刀撑。

门式钢管脚手架剪刀撑设置形式如图4—1所示。

（4）剪刀撑的构造应符合下列规定：

1）剪刀撑斜杆与地面的夹角宜为45°~60°。

2）剪刀撑应采用旋转扣件与门架立杆扣紧。

3）剪刀撑斜杆应采用搭接接长，搭接长度不宜小于1 000 mm，搭接处应采用3个及以上旋转扣件扣紧。

单元
4

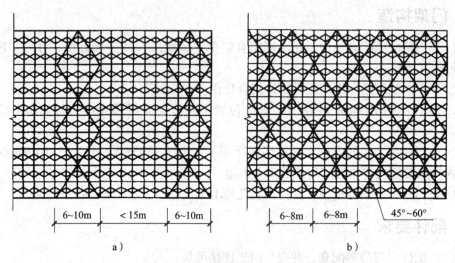

6~10m | <15m | 6~10m
a）

6~8m | 6~8m
45°~60°
b）

图4—1 剪刀撑设置示意图

a）脚手架搭设高度24 m及以下时剪刀撑设置

b）脚手架搭设高度超过24 m时剪刀撑设置

4）每道剪刀撑的宽度不应大于6个跨距，且不应大于10 m；但也不应小于4个跨距，且不应小于6 m。设置连续剪刀撑的斜杆水平间距宜为6~8 m。

2. 门式脚手架纵向水平加固杆设置

门式脚手架应在门架两侧的立杆上设置纵向水平加固杆，并应采用扣件与门架立杆扣紧。水平加固杆设置应符合下列要求：

（1）在顶层、连墙件设置层必须设置。

（2）当脚手架每步铺设挂扣式脚手板时，至少每4步应设置一道，并宜在有连墙件的水平层设置。

（3）当脚手架搭设高度小于或等于40 m时，至少每两步门架应设置一道；当脚手架搭设高度大于40 m时，每步门架应设置一道。

（4）在脚手架的转角处、开口型脚手架端部的两个跨距内，每步门架应设置一道。

（5）悬挑脚手架每步门架应设置一道。

（6）在纵向水平加固杆设置层面上应连续设置。

3. 门式脚手架纵横向扫地杆设置

门式脚手架的底层门架下端应设置纵、横向通长的扫地杆。纵向扫地杆应固定在距门架立杆底端不大于200 mm处的门架立杆上，横向扫地杆宜固定在紧靠纵向扫地杆下方的门架立杆上。

五、转角处门架连接

（1）在建筑物的转角处，门式脚手架内、外两侧立杆上应按步设置水平连接杆、斜撑杆，将转角处的两榀门架连成一体。

（2）连接杆、斜撑杆应采用钢管，其规格应与水平加固杆相同。

单元 4

（3）连接杆、斜撑杆应采用扣件与门架立杆及水平加固杆扣紧。

转角处脚手架连接形式，如图4—2所示。

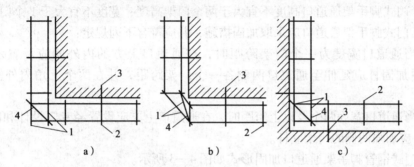

图4—2　转角处脚手架连接形式

a)、b)　阳角转角处脚手架连接　c)　阴角转角处脚手架连接

1—连接杆　2—门架　3—连墙件　4—斜撑杆

六、连墙件构造要求

（1）连墙件设置的位置、数量应按专项施工方案确定，并应按确定的位置设置预埋件。

（2）在门式脚手架的转角处或开口型脚手架端部必须增设连墙件，连墙件的垂直间距不应大于建筑物的层高，且不应大于4 m。

（3）连墙件应靠近门架的横杆设置，距门架横杆不宜大于200 mm。连墙件应固定在门架的立杆上。

（4）连墙件宜水平设置，当不能水平设置时，与脚手架连接的一端应低于与建筑结构连接的一端，连墙杆的坡度宜小于1∶3。

（5）门式钢管脚手架连墙件最大间距或最大覆盖面积应符合表4—7的规定。

表4—7　　　　　　　　　　连墙件最大间距或最大覆盖面积

序号	脚手架搭投方式	脚手架高度/m	连墙件间距/m		每根连墙件覆盖面积/m²
			竖向	水平向	
1	落地、密目式安全网全封闭	≤40	$3h$	$3l$	≤40
2			$2h$	$3l$	≤27
3		>40			
4	悬挑、密目式安全网全封闭	≤40	$3h$	$3l$	≤40
5		40～60	$2h$	$3l$	≤27
6		>60	$2h$	$3l$	≤20

注：1. 序号4～6为架体位于地面上的高度。

　　2. 按每根连墙件覆盖面积选择连墙件设置时，连墙件的竖向间距不应大于6 m。

　　3. 表中h为步距；l为跨距。

七、通道口构造要求

（1）门式脚手架通道口高度不宜大于两个门架高度，宽度不宜大于1个门架跨距。

（2）门式脚手架通道口应采取加固措施，并应符合下列规定：

1）当通道口宽度为一个门架跨距时，在通道口上方的内外侧应设置水平加固杆，水平加固杆应延伸至通道口两侧各一个门架跨距，并在两个上角内外侧加设斜撑杆。

2）当通道口宽为两个及以上跨距时，在通道口上方应设置经专门设计和制作的托架梁，并应加强两侧的门架立杆。

3）门式钢管脚手架通道口加固形式如图4—3所示。

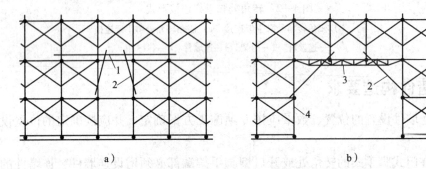

a)   b)

图4—3　通道口加固形式

a) 通道口宽度为一个门架跨距加固示意　b) 通道口宽度为两个及以上门架跨距加固示意

1—水平加固杆　2—斜撑杆　3—托架梁　4—加强杆

八、斜梯

（1）作业人员上下脚手架的斜梯应采用挂扣式钢梯，并宜采用"之"字形设置，一个梯段宜跨越两步或三步门架再行转折。

（2）钢梯规格应与门架规格配套，并应与门架挂扣牢固。

（3）钢梯应设栏杆扶手、挡脚板。

九、满堂脚手架构造要求

（1）满堂脚手架的门架跨距和间距应根据实际荷载计算确定，门架净间距不宜超过1.20 m。

（2）满堂脚手架的高宽比不应大于4，搭设高度不宜超过30 m。

（3）满堂脚手架的构造设计，在门架立杆上宜设置托座和托梁，使门架立杆直接传递荷载。门架立杆上设置的托梁应具有足够的抗弯强度和刚度。

（4）满堂脚手架在每步门架两侧立杆上应设置纵向、横向水平加固杆，并应采用扣件与门架立杆扣紧。

（5）满堂脚手架的剪刀撑设置除应符合《建筑施工门式脚手架安全技术规范》

（JGJ 128—2010）有关的规定外，还应符合下列要求：

1）搭设高度 12 m 及以下时，在脚手架的周边应设置连续竖向剪刀撑；在脚手架的内部纵向、横向间隔不超过 8 m 时应设置一道竖向剪刀撑；在顶层应设置连续的水平剪刀撑。

2）搭设高度超过 12 m 时，在脚手架的周边和内部纵向、横向间隔不超过 8 m 时应设置连续竖向剪刀撑；在顶层和竖向每隔 4 步应设置连续的水平剪刀撑。

3）竖向剪刀撑应由底至顶连续设置。

（6）在满堂脚手架的底层门架立杆上应分别设置纵向、横向扫地杆，并应采用扣件与门架立杆扣紧。

（7）满堂脚手架顶部作业区应满铺脚手板，并应采用可靠的连接方式与门架横杆固定。操作平台上的孔洞应按现行行业标准《建筑施工高处作业安全技术规范》（JGJ 80—1991）的规定防护。操作平台周边应设置栏杆和挡脚板。

（8）对高宽比大于 2 的满堂脚手架，宜设置缆风绳或连墙件等有效措施防止架体倾覆，缆风绳或连墙件设置宜符合下列规定：

1）在架体端部及外侧周边水平间距不宜超过 10 m 设置；宜与竖向剪刀撑位置对应设置。

2）竖向间距不宜超过 4 步设置。

（9）满堂脚手架中间设置通道口时，通道口底层门架可不设垂直通道方向的水平加固杆和扫地杆，通道口上部两侧应设置斜撑杆，并应按现行行业标准《建筑施工高处作业安全技术规范》（JGJ 80—1991）的规定在通道口上部设置防护层。

（10）满堂脚手架的剪刀撑设置形式如图 4—4 所示。

单元
4

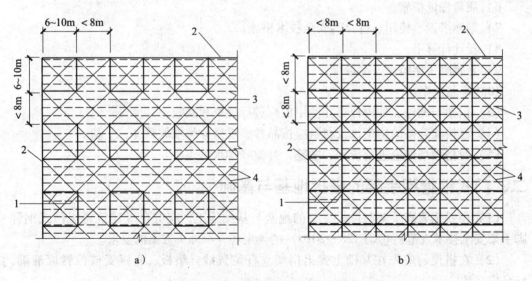

a）   b）

图4—4　满堂脚手架的剪刀撑设置形式

a）搭设高度 12 m 及以下时剪刀撑设置　b）搭设高度超过 12 m 时剪刀撑设置

1—竖向剪刀撑　2—周边竖向剪刀撑　3—门架　4—水平剪刀撑

第三节 门式钢管脚手架的搭拆

培训目标

→ 了解门式钢管脚手架的搭拆施工准备
→ 了解门式钢管脚手架的搭拆地基与基础
→ 掌握门式钢管脚手架的搭拆搭设施工
→ 掌握门式钢管脚手架的拆除

一、门式钢管脚手架的搭拆施工准备

门式钢管脚手架搭设与拆除前应做好以下准备工作：

（1）门式脚手架与模板支架搭设与拆除前，应向搭拆和使用人员进行安全技术交底。

（2）编制门式脚手架搭拆施工的专项施工方案，应包括下列内容：

1）工程概况、设计依据、搭设条件、搭设方案设计。

2）搭设施工图包括架体的平、立、剖面图，脚手架连墙件的布置及构造图，脚手架转角、通道口的构造图，脚手架斜梯布置及构造图，重要节点构造图。

3）基础做法及要求。

4）架体搭设及拆除的程序和方法。

5）季节性施工措施。

6）质量保证措施。

7）架体搭设、使用、拆除的安全技术措施。

8）设计计算书。

9）悬挑脚手架搭设方案设计。

10）应急预案。

（3）门架与配件、加固杆等在使用前应进行检查和验收。

（4）经检验合格的构配件及材料应按品种、规格分类堆放整齐、平稳。

（5）对搭设场地应进行清理、平整，并做好排水。

二、门式钢管脚手架的搭拆地基与基础

（1）门式钢管脚手架与模板支架的地基与基础施工，应符合《建筑施工门式钢管脚手架安全技术规范》（JGJ 128—2010）的规定和专项施工方案的要求。

（2）在搭设前应先在基础上弹出门架立杆位置线，垫板、底座安放位置应准确，标高应一致。

三、门式钢管脚手架的搭拆搭设施工

（1）门式钢管脚手架的搭设程序应符合下列规定：

1）门式钢管脚手架的搭设应与施工进度同步，一次搭设高度不宜超过最上层连墙件两步，且自由高度不应大于4 m。

2）门架的组装应自一端向另一端延伸，并且自下而上按步架设，并应逐层改变搭设方向；不应自两端相向搭设或自中间向两端搭设。

3）每搭设完两步门架后，应校验门架的水平度及立杆的垂直度。

4）门式钢管脚手架的搭设应自一端向另一端延伸，并逐层改变搭设方向，自下而上按步架设，如图4—5所示。

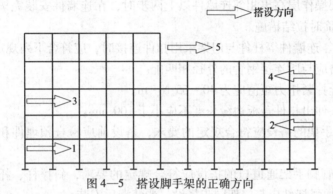

图4—5 搭设脚手架的正确方向

5）门式钢管脚手架不得自两端相向搭设或相间进行，如图4—6a所示；或是自一端和中间处同时向相同方向搭设，如图4—6b所示，以避免结合处错位，难以连接；也不得自一端上、下两步同时向一个方向搭设，如图7—6c所示。

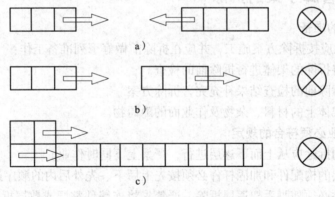

图4—6 搭设脚手架的错误方向

（2）搭设门架及配件除应符合《建筑施工门式钢管脚手架安全技术规范》（JGJ 128—2010）中相关的规定外，还应符合下列要求：

1）交叉支撑、脚手板应与门架同时安装。

2）连接门架的锁臂、挂钩必须处于锁住状态。

3）钢梯的设置应符合专项施工方案组装布置图的要求，底层钢梯底部应加设钢管并应采用扣件扣紧在门架立杆上。

4）在施工作业层外侧周边应设置180 mm高的挡脚板和两道栏杆，上道栏杆高度

单元
4

应为 1.20 m，下道栏杆应居中设置；挡脚板和栏杆均应设置在门架立杆的内侧。

（3）加固杆的搭设除应符合《建筑施工门式钢管脚手架安全技术规范》（JGJ 128—2010）中的相关规定外，还应符合下列要求：

1）水平加固杆、剪刀撑等加固杆件必须与门架同步搭设。

2）水平加固杆应设于门架立杆内侧，剪刀撑应设于门架立杆外侧。

（4）门式脚手架连墙件的安装必须符合下列规定：

1）连墙件的安装必须随脚手架搭设同步进行，严禁滞后安装。

2）当脚手架操作层高出相邻连墙件以上两步时，在连墙件安装完毕前必须采用确保脚手架稳定的临时拉结措施。

（5）加固杆、连墙件等杆件与门架采用扣件连接时，应符合下列规定：

1）扣件规格应与所连接钢管的外径相匹配。

2）扣件螺栓拧紧扭力矩值应为 40～65 N·m。

3）杆件端头伸出扣件盖板边缘长度不应小于 100 mm。

（6）悬挑脚手架的搭设应符合规定的要求，搭设前应检查预埋件和支承型钢悬挑梁的混凝土强度。

（7）门式钢管脚手架通道口的搭设应符合规定的要求，斜撑杆、托架梁及通道口两侧的门架立杆加强杆件应与门架同步搭设，严禁滞后安装。

（8）满堂脚手架与模板支架的可调底座、可调托座宜采取防止砂浆、水泥浆等污物填塞螺纹的措施。

四、门式钢管脚手架的拆除

单元 4

1. 拆除前的准备

架体的拆除应按拆除方案施工，并应在拆除前做好下列准备工作：

（1）应对将拆除的架体进行拆除前的检查。

（2）根据拆除前的检查结果补充完善拆除方案。

（3）清除架体上的材料、杂物及作业面的障碍物。

2. 拆除作业必须符合的规定

（1）架体的拆除应从上而下逐层进行，严禁上下同时作业。

（2）同一层的构配件和加固杆件必须按先上后下、先外后内的顺序进行拆除。

（3）连墙件必须随脚手架逐层拆除，严禁先将连墙件整层或数层拆除后再拆架体。拆除作业过程中，当架体的自由高度大于两步时，必须加设临时拉结。

（4）连接门架的剪刀撑等加固杆件必须在拆卸该门架时拆除。

（5）拆卸连接部件时应先将止退装置旋转至开启位置，然后拆除，不得硬拉，严禁敲击。拆除作业中，严禁使用手锤等硬物击打、撬别。

（6）当门式脚手架需要分段拆除时，架体不拆除部分的两端应按规定采取加固措施后再拆除。

（7）门架与配件应通过机械或人工运至地面，严禁抛投。

（8）拆卸的门架与配件、加固杆等不得集中堆放在未拆架体上，应及时检查、整修与保养，并按品种、规格分别存放。

第四节 门式钢管脚手架的搭设检查、验收及安全管理

→ 掌握门式钢管脚手架的搭设检验要求
→ 掌握门式钢管脚手架的检验项目与要点
→ 掌握门式钢管脚手架的安全管理

一、门式钢管脚手架的搭设检验要求

门式钢管脚手架搭设检验应符合以下要求：

（1）搭设前对脚手架的地基与基础应进行检查，经验收合格后方可搭设。

（2）门式脚手架搭设完毕或每搭设两个楼层高度，应对搭设质量及安全进行一次检查，经检验合格后方可交付使用或继续搭设。

（3）在门式脚手架搭设质量验收时，应具备下列文件：

1）按《建筑施工门式钢管脚手架安全技术规范》（JGJ 128—2010）要求编制的专项施工方案。

2）构配件与材料质量的检验记录。

3）安全技术交底及搭设质量检验记录。

4）门式脚手架分项工程的施工验收报告。

（4）门式脚手架分项工程的验收，除应检查验收文件外，还应对搭设质量进行现场核验，并将检验结果记入施工验收报告。

（5）门式脚手架扣件拧紧力矩的检查与验收应符合现行行业标准《建筑施工扣件式钢管脚手架安全技术规范》（JGJ 130—2011）的规定。

（6）门式脚手架与模板支架搭设的技术要求、允许偏差及检验方法应符合表4—8中规定的要求。

表4—8 　门式脚手架与模板支架搭设的技术要求、允许偏差及检验方法

项次	项目		技术要求	允许偏差/mm	检验方法
1	隐蔽工程	地基承载力	《建筑施工门式钢管脚手架安全技术规范》（JGJ 128—2010）的规定	—	观察、施工记录检查
		预埋件	符合设计要求	—	

单元 **4**

项次	项目		技术要求	允许偏差 /mm	检验方法
2	地基与基础	表面	坚实平整	—	观察
		排水	不积水		
		垫板	稳固		
		底座	不晃动	—	钢直尺检查
			无沉降		
			调节螺杆高度符合《建筑施工门式钢管脚手架安全技术规范》（JGJ 128—2010）的规定	≤200	
		纵向轴线位置		±20	尺量检查
		横向轴线位置	—	±10	
3	架体构造		符合《建筑施工门式钢管脚手架安全技术规范》（JGJ 128—2010）的规定及专项施工方案的要求	—	观察 尺量检查
4	门架安装	门架立杆与底座轴线偏差	—	≤2.0	尺量检查
		上下榀门架立杆轴线偏差	—		
5	垂直度	每步架	—	$h/500$，±3.0	经纬仪或线坠、钢直尺检查
		整体	—	$h/500$，±50.0	
6	水平度	一跨距内两榀门架高差	—	±5.0	水准仪 水平尺 钢直尺检查
		整体	—	±100	
7	连墙件	与架体、建筑结构连接	牢固	—	观察、扭矩测力扳手检查
		纵、横向间距	—	±300	尺量检查
		与门架横杆距离	—	≤200	
8	剪刀撑	间距	按设计要求设置	±300	尺量检查
		与地面的倾角	45°~60°	—	角尺、尺量检查
9	水平加固件		按设计要求设置	—	观察、尺量检查
10	脚手板		铺设严密、牢固	孔洞≤25	观察、尺量检查
11	悬挑支撑结构	型钢规格	符合设计要求	—	观察、尺量检查
		安装位置		±3.0	

注：h——步距；H——脚手架高度。

二、门式钢管脚手架的检验项目与要点

门式钢管脚手架工程验收时，应对搭设质量进行现场核验。门式脚手架在使用过程中应进行日常检查，发现问题应及时处理；若遇有下列情况，经检查确认安全后方可继续使用：

(1) 遇有 8 级以上大风或大雨过后。

(2) 冻结的地基土解冻后。

(3) 停用超过 1 个月。

(4) 架体遭受外力撞击等作用。

(5) 架体部分拆除。

(6) 其他特殊情况。

1. 门式脚手架分项工程重点检验项目

(1) 构配件和加固杆规格、品种应符合设计要求，且质量合格、设置齐全、连接和挂扣紧固可靠。

(2) 基础应符合设计要求，应平整坚实，底座、支垫应符合规定。

(3) 门架跨距、间距应符合设计要求，搭设方法应符合规定。

(4) 连墙件设置应符合设计要求，与建筑结构、架体应连接可靠。

(5) 加固杆的设置应符合规定的要求。

(6) 门式脚手架的通道口、转角等部位搭设应符合构造要求。

(7) 架体垂直度及水平度应合格。

(8) 安全网的张挂及防护栏杆的设置应齐全、牢固。

2. 脚手架使用过程中的检查要点

门式钢管脚手架在使用过程中应对下列项目进行检查：

(1) 加固杆、连墙件应无松动，架体应无明显变形。

(2) 地基应无积水，垫板及底座应无松动，门架立杆应无悬空。

(3) 锁臂、挂扣件、扣件螺栓应无松动。

(4) 安全防护设施应符合规定要求。

(5) 应无超载使用。

3. 脚手架拆除前的检查要点

(1) 门式脚手架在拆除前，应检查架体构造、连墙件设置、节点连接，当发现有连墙件、剪刀撑等加固杆件缺少、架体倾斜失稳或门架立杆悬空情况时，对架体应先行加固后再拆除。

(2) 在拆除作业前，对拆除作业场地及周围环境应进行检查，拆除作业区内应无障碍物，作业场地临近的输电线路等设施应采取防护措施。

三、门式钢管脚手架的安全管理

(1) 搭拆门式脚手架或模板支架应由专业架子工担任，并应按住房和城乡建设部特种作业人员考核管理规定考核合格后持证上岗。上岗人员应定期进行体检，凡不适合

单元 **4**

登高作业者，不得上架操作。

（2）搭拆架体时，施工作业层应铺设脚手板，操作人员应站在临时设置的脚手板上进行作业，并应按规定使用安全防护用品，穿防滑鞋。

（3）门式脚手架与模板支架作业层上严禁超载。

（4）严禁将模板支架、缆风绳、混凝土泵管、卸料平台等固定在门式脚手架上。

（5）六级及以上大风天气应停止架上作业；雨、雪、雾天应停止脚手架的搭拆作业；雨、雪、霜后上架作业应采取有效的防滑措施，并应扫除积雪。

（6）门式脚手架与模板支架在使用期间，当预见可能有强风天气所产生的风压值超出设计的基本风压值时，对架体应采取临时加固措施。

（7）在门式脚手架使用期间，脚手架基础附近严禁进行挖掘作业。

（8）满堂脚手架与模板支架的交叉支撑和加固杆在施工期间禁止拆除。

（9）门式脚手架在使用期间不应拆除加固杆、连墙件、转角处连接杆、通道口斜撑杆等加固杆件。

（10）按施工需要，脚手架的交叉支撑可在门架一侧局部临时拆除，但在该门架单元上下应设置水平加固杆或挂扣式脚手板，在施工完成后应立即恢复安装交叉支撑。

（11）应避免装卸物料对门式脚手架或模板支架产生偏心、振动和冲击荷载。

（12）门式脚手架外侧应设置密目式安全网，网间应严密，防止坠物伤人。

（13）门式脚手架与架空输电线路的安全距离、工地临时用电线路架设及脚手架接地、防雷措施，应按现行行业标准《施工现场临时用电安全技术规范》（JGJ 46—2005）的有关规定执行。

（14）在门式脚手架或模板支架上进行电、气焊作业时，必须有防火措施和专人看护。

（15）不得攀爬门式脚手架。

（16）搭拆门式脚手架或模板支架作业时，必须设置警戒线、警戒标志，并应派专人看守，严禁非作业人员入内。

（17）对门式脚手架与模板支架应进行日常性的检查和维护，架体上的建筑垃圾或杂物应及时清理。

单元测试题

一、填空题（请将正确的答案填写在横线空白处）

1. 门架钢管平直度允许偏差不应大于管长的_____，钢管不得接长使用，不应使用带有_____的钢管。

2. 门式脚手架的_____离墙面净距不宜大于 150 mm；当大于 150 mm 时，应采取内设挑架板或其他隔离防护的安全措施。

3. 门式脚手架顶端栏杆宜高出女儿墙上端或檐口上端_____ m。

4. 门式脚手架当门式脚手架搭设高度在_____ m 及以下时，在脚手架的转角处、两端及中间间隔不超过 15 m 的外侧立面必须各设置一道剪刀撑，并应由底至顶连续设置。

5. 门式脚手架当脚手架搭设高度超过 24 m 时，在脚手架_____上必须设置连续剪刀撑。

6. 对于悬挑门式脚手架，在脚手架_____上必须设置连续剪刀撑。

7. 门式脚手架的底层门架下端应设置纵、横向通长的扫地杆。纵向扫地杆应固定在距门架立杆底端不大于_____ mm 处的门架立杆上，横向扫地杆宜固定在紧靠纵向扫地杆_____。

8. 在门式脚手架的_____，必须增设连墙件，连墙件的垂直间距不应大于建筑物的层高，且不应大于 4 m。

9. 连墙件应靠近门架的横杆设置，距门架横杆不宜大于 200 mm。连墙件应固定在_____。

10. 门式脚手架通道口高度不宜大于_____个门架高度，宽度不宜大于_____个门架跨距。

11. 门式脚手架搭设高度在_____ m 及以下时，在脚手架的周边应设置连续竖向剪刀撑；在脚手架的内部纵向、横向间隔不超过 8 m 时应设置一道竖向剪刀撑；在顶层应设置连续的水平剪刀撑。

12. 门式脚手架搭设高度超过 12 m 时，在脚手架的周边和内部纵向、横向间隔不超过_____ m 时应设置连续竖向剪刀撑；在顶层和竖向每隔 4 步应设置连续的水平剪刀撑。

13. 门式脚手架的竖向剪刀撑应由_____连续设置。

二、**判断题**（下列判断正确的请打"√"，错误的请打"×"）

1. 门式脚手架与配件表面不能涂刷防锈漆或镀锌。　　　　　　　　（　　）

2. 门式脚手架与模板支架的搭设场地必须平整坚实，回填土应分层回填，逐层夯实；场地排水应顺畅，不应有积水。　　　　　　　　　　　　（　　）

3. 不同型号的门架与配件允许混合使用。　　　　　　　　　　　（　　）

4. 上下榀门架立杆应在同一轴线位置上，门架立杆轴线的对接偏差不应大于 20 mm。　　　　　　　　　　　　　　　　　　　　　　　（　　）

5. 门式脚手架应在门架两侧的立杆上设置纵向水平加固杆，并应采用扣件与门架立杆扣紧。　　　　　　　　　　　　　　　　　　　　　（　　）

6. 门式脚手架纵横向都应当设置扫地杆。　　　　　　　　　　　（　　）

7. 在建筑物的转角处，门式脚手架内、外两侧立杆上应按步设置水平连接杆、斜撑杆，将转角处的两榀门架连成一体。　　　　　　　　　　　（　　）

8. 门式脚手架的连接杆、斜撑杆应采用扣件与门架立杆及水平加固杆扣紧。　　　　　　　　　　　　　　　　　　　　　　　　　　　　（　　）

9. 满堂门式脚手架在每步门架两侧立杆上应设置纵向、横向水平加固杆，并应采用扣件与门架立杆扣紧。　　　　　　　　　　　　　　　　（　　）

10. 门式脚手架通托架梁及通道口两侧的门架立杆加强杆件应与门架分步搭设，滞后安装。 （　　）

11. 门架与配件应通过机械或人工运至地面，严禁抛投。 （　　）

12. 门式脚手架与模板支架作业层上严禁超载。 （　　）

13. 允许将模板支架、缆风绳、混凝土泵管、卸料平台等固定在门式脚手架上。 （　　）

14. 在门式脚手架使用期间，脚手架基础附近允许进行挖掘作业。 （　　）

15. 满堂脚手架与模板支架的交叉支撑和加固杆在施工期间可以拆除。 （　　）

16. 在门式脚手架或模板支架上进行电、气焊作业时，必须有防火措施和专人看护。 （　　）

17. 搭拆门式脚手架或模板支架作业时，必须设置警戒线、警戒标志，并应派专人看守，严禁非作业人员入内。 （　　）

三、多项选择题（下列每题的选项中，至少有两个是正确的，请将正确答案的代号填写在横线空白处）

1. 门式钢管脚手架主要构配件有_____。
　　A. 门架　　　　　　　B. 交叉支撑　　　　　C. 挂扣式脚手板　　　D. 底座

2. 门式钢管脚手架在使用过程中应对_____项目进行检查。
　　A. 加固杆、连墙件应无松动，架体应无明显变形
　　B. 锁臂、挂扣件、扣件螺栓应无松动
　　C. 地基应无积水，垫板及底座应无松动，门架立杆应无悬空
　　D. 应无超载使用

3. 在门式脚手架搭设质量验收时，应具备_____文件。
　　A. 按要求编制的专项施工方案
　　B. 构配件与材料质量的检验记录
　　C. 安全技术交底及搭设质量检验记录
　　D. 门式脚手架分项工程的施工验收报告

四、简答题

1. 门式钢管脚手架剪刀撑的构造应当符合哪些规定？

2. 门式脚手架水平加固杆的设置应符合哪些要求？

3. 门式脚手架通道口加固措施应符合哪些规定？

4. 对高宽比大于2的满堂脚手架，缆风绳或连墙件的设置应符合哪些规定？

5. 门式脚手架的搭设程序应符合哪些规定？

6. 门式脚手架连墙件的安装必须符合哪些规定？

7. 门式脚手架加固杆、连墙件等杆件与门架采用扣件连接时应当符合哪些规定？

8. 门式脚手架拆除作业必须符合哪些规定？

9. 门式脚手架在日常使用检查中，当遇到哪些情况时经检查确认安全后方可继续使用？

10. 门式脚手架分项工程重点检验项目有哪些？

单元 **4**

单元测试题答案

一、填空题

1. 1/500　硬伤或严重锈蚀　2. 内侧立杆　3. 1.50　4. 24　5. 全外侧立面
6. 全外侧立面　7. 200下方的门架立杆上　8. 转角处或开口型脚手架端部　9. 门架的立杆上　10. 两　1　11. 12　12. 8　13. 底至顶

二、判断题

1. ×　2. √　3. ×　4. ×　5. √　6. √　7. √　8. √
9. √　10. ×　11. √　12. √　13. ×　14. ×　15. ×　16. √
17. √

三、多项选择题

1. ABCD　2. ABCD　3. ABCD

四、简答题

答案略。

第5单元

木脚手架

尽管由于各种先进的金属脚手架的迅速推广，使传统木脚手架的应用有所缩小，但在广大偏远地区仍为常用的脚手架品种。

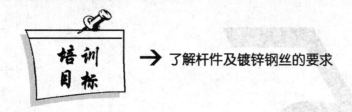

第一节　木脚手架的材质要求

→ 了解杆件及镀锌钢丝的要求

一、杆件

立杆、斜撑、剪刀撑、抛撑、纵向水平杆、横向水平杆及连墙件应采用去皮的杉木或落叶松，其材质应符合《木结构设计规范》（GB 50005—2003）的规定。严禁使用易腐朽、易折断、有枯节的木杆。

（1）用于立杆时，小头直径不小于70 mm，大头直径不应大于180 mm，长度不宜小于6 m。

（2）用于纵向水平杆时，杉杆的小头直径不应小于80 mm，红松、落叶松的小头直径不应小于70 mm，长度不宜小于6 m。

（3）用于横向水平杆时，小头直径不应小于80 mm，长度宜为2.1~2.3 m。

二、镀锌钢丝

木脚手架通常使用镀锌钢丝绑扎，镀锌钢丝又称铅丝。镀锌钢丝的规格用"号"表示，号数越小，直径越小。

单根8号镀锌钢丝的抗拉强度不得低于900 kN/mm^2，单根10号钢丝的抗拉强度不得低于1 000 kN/mm^2。

绑架子一般用8号镀锌钢丝（直径4 mm）绑扎（荷载较小时可用10号镀锌钢丝）。镀锌钢丝在使用前按需要长度切断。木脚手架也可使用回火钢丝绑扎，严禁使用有锈蚀或机械损伤的钢丝绑扎。

绑扎材料是保证木脚手架受力性能和整体稳定性的关键部件，严禁使用外观检查不合格和材质不符合要求的绑扎材料，而且绑扎材料不得重复使用。

单元
5

第二节 木脚手架的构造、搭设和拆除

→ 木脚手架的基本要求
→ 杆件的连接和绑扎方法
→ 单、双排脚手架的构造与搭设
→ 挑脚手架的构造与搭设
→ 木脚手架的拆除注意事项

一、木脚手架的基本要求

木脚手架的构造与搭设应符合下列基本要求：

（1）当符合施工荷载规定标准值且符合构造要求时，木脚手架的搭设高度不得超过《建筑施工木脚手架安全技术规范》（JGJ 164—2008）中的有关规定。

（2）单排脚手架的搭设不得用于墙厚在 180 mm 及以下的砌体土坯和轻质空心砖墙以及砌筑砂浆强度在 M1.0 以下的墙体。

（3）空斗墙上留置脚手眼时，横向水平杆下必须实砌两皮砖。

（4）砖砌体的下列部位不得留置脚手眼：

1）砖过梁上与梁成 60°角的三角形范围内。

2）砖或柱的宽度小于 740 mm 的窗间墙。

3）梁和梁垫下及其左右各 370 mm 的范围内。

4）门窗洞口两侧 240 mm 和转角处 420 mm 的范围内。

5）设计图纸上规定不允许留洞眼的部位。

（5）在大雾、大雨、大雪和六级以上的大风天，不得进行脚手架在高处的搭设作业。雨、雪后搭设脚手架时必须采取防滑措施。

（6）搭设脚手架时操作人员应戴好安全帽，在 2 m 以上高处作业时应系安全带。

木脚手架搭设顺序：确定立杆位置→挖立杆坑→竖立杆→绑纵向水平杆→绑横向水平杆→绑抛撑、斜撑、剪刀撑等→设置连墙件→铺脚手板→挂设安全网。

二、杆件的连接和绑扎方法

杆件垂直相交时可采用平插十字扣（见图 5—1）或斜插十字扣（见图 5—2）。平插扣不易松动，横杆的沉降量小，效果较好。绑扎时应拧紧适度，既不使杆件松动，又不使钢丝受伤或绞断。

杆件斜交时可采用斜十字扣（见图 5—3）或顺扣。

杆件搭接接长采用顺扣，如图 5—4 所示，搭接长度应不小于 8 倍平均直径或 1.20 m，绑扎不少于 3 道，间距不小于 0.60 m。

相邻立杆的接头应至少错开一步架，搭接部分应跨两根横杆；纵向水平杆接头应靠近立杆，大头伸出立杆 200～300 mm，小头压在大头上。

单元 **5**

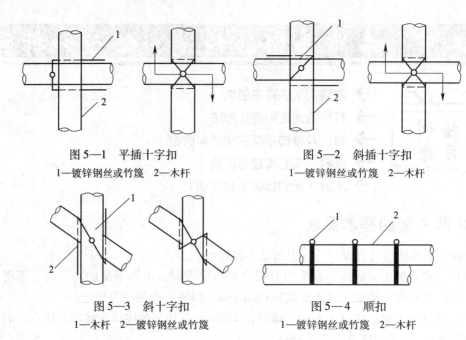

图 5—1　平插十字扣
1—镀锌钢丝或竹篾　2—木杆

图 5—2　斜插十字扣
1—镀锌钢丝或竹篾　2—木杆

图 5—3　斜十字扣
1—木杆　2—镀锌钢丝或竹篾

图 5—4　顺扣
1—镀锌钢丝或竹篾　2—木杆

三、单、双排木脚手架的构造与搭设

1. 构造要求

木脚手架的基本构造形式有双排和单排两种。木脚手架的构造如下：

（1）立杆间距、纵向水平杆步距和横向水平杆间距。应根据脚手架的用途、荷载和建筑平面图及立面图形式、使用条件等确定。一般砌筑和装修工程用的脚手架可按表5—1和表5—2选用。

表 5—1　　　　　　　　　　　单排木脚手架构造参数

用途	立杆间距（m）		操作层横向水平杆间距（m）	纵向水平杆竖向步距（m）
	横向	纵向		
砌筑架	≤1.2	≤1.5	≤0.75	1.2～1.5
装饰架	≤1.2	≤1.8	≤1.0	≤1.8

注：1. 砌筑架最下一层纵向水平杆至地面的距离可增大到1.8 m。
　　2. 单排外脚手架的立杆横向间距为立杆轴线至墙面的距离。

表 5—2　　　　　　　　　　　双排木脚手架构造参数

用途	内立杆轴线至墙面距离（m）	立杆间距（m）		操作层横向水平杆间距（m）	纵向水平杆竖向步距（m）	横向水平杆朝墙方向的悬臂长（m）
		横向	纵向			
砌筑架	0.5	≤1.5	≤1.5	≤0.75	1.2～1.5	0.35～0.45
装饰架	0.5	≤1.5	≤1.8	≤1.0	≤1.8	0.35～0.45

注：砌筑架最下一层纵向水平杆至地面的距离可增大到1.8 m。

（2）剪刀撑。不论双排或单排木脚手架均应在尽端的双跨内和中间每隔15 m左右的双跨内设置剪刀撑。根据需要也可设置纵向连续的多跨剪刀撑，但其最大宽度不得超过6跨。此种剪刀撑仅设在架子外侧与地面呈45°～60°角度时，从下到上连续设置。杆子的交叉点应绑在立杆或横杆上，如图5—5所示。

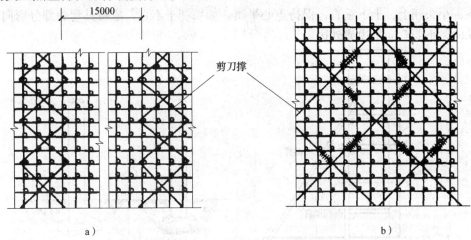

a）   b）

图5—5 木脚手架的剪刀撑布置

a）间断式剪刀撑 b）连续式剪刀撑

（3）抛撑和连墙点的设置。三步以上架子即应每隔7根立杆设置一根抛撑，架高大于7 m不便设置抛撑时，则应设置连墙点使架子与建筑物牢固连接。这样的连墙点，竖向每隔3步，纵向每隔5跨设置一个。常用的连接方法是在墙体内预埋钢筋环或在墙内侧放短木棍，用8号铅丝穿过钢筋环或捆住短木棍拉住架子的立杆，同时将横向水平杆顶住墙面。

抛撑如遇坚硬地面，抛撑底脚无法支住时，应加绑扫地杆。扫地杆一头绑住抛撑，另一头穿过墙，与墙脚处横杆绑住，如图5—6所示。

（4）横向水平杆的抽拆。除所有连墙杆均需保留外，其余的横向水平杆可每隔一步或上下左右每隔一根抽拆周转使用。

2. 搭设要点

（1）基底处理。脚手架的立杆、抛撑和最下一步斜撑的底端均要埋入地下。埋设深度视土质情况而定，一般立杆埋深应不小于50 cm，抛撑和斜撑埋深为20～30 cm。

挖坑时坑底要稍大于坑口，坑口直径应大于立杆直径10 cm，这样坑底可以容纳较多的回填土而坑口自然土的破坏较少，回填后有利于把立杆挤紧，使埋设稳固。

埋杆时应先将坑底夯实，坑底还应垫以砖石块，以防下沉，如图5—7所示。杆周围的回填土必须分层夯实，并做成土墩，防止积水。

当地面为岩石层或混凝土挖坑困难，或土质松软立杆埋深不够时，应沿立杆底加绑扫地杆。

（2）杆件的搭设方法及注意事项。脚手架杆件被运到现场后，应先选择分类，宜选择头大粗壮者做立杆，采用直径均匀，杆身顺直者做横杆，稍有弯曲者做斜杆。然后按照构造方案的规定架设杆件，并力求做到横平竖直，错开接头位置。具体要求如下：

1）立杆竖立应做到纵成线，横成方，杆身垂直，如图5—8所示。相邻两杆的接头应错开一步架。接头的搭接长度，木杆跨两根横杆并不小于1.5 m，绑扎不少于3

单元 **5**

道。为了使接长后的立杆重心在一条垂直线上，搭接头的方向应互相错开，如果第一个接头在左边，第二个接头应放在右边，第三个接头又放在左边，以此类推；而且要大头朝下，小头朝上，上下垂直，保持重心平衡。如果杆子不直，应将其弯曲部分弯向架子的纵向，不要弯向里边或外边。

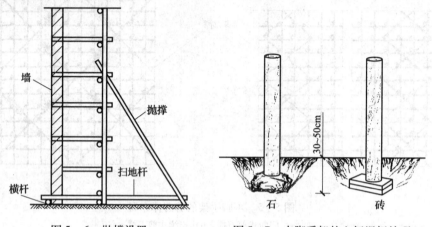

图 5—6　抛撑设置　　　　图 5—7　木脚手架的立杆埋杆处理

立杆搭接到建筑物顶部时，里排立杆要低于檐口 40～50 cm，外排立杆要高出檐口。平屋顶为 80～100 cm，坡屋顶大于 150 cm，以便绑扎栏杆。为了使立杆顶端有足够的断面，接最后一根立杆时应将大头朝上，而将杆子的多余部分往下错，这样的做法称为封顶。

2）纵向水平杆一般应绑在立杆里侧，力求做到平直，如图 5—9 所示；两杆接头应置于立杆处，并使小头压在大头上。搭接长度要求木杆不小于 1 m，绑扎不少于 3 道。接头位置要上下里外错开，即同一步架里外两根纵向水平杆的接头不宜在同一跨间内，上下相邻的两根纵向水平杆的接头也应错开一根立杆，如图 5—10 所示。

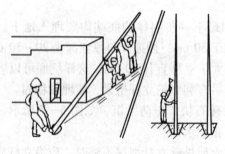
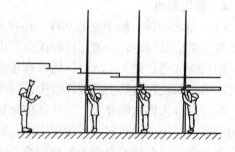

图 5—8　竖立杆图　　　　图 5—9　纵向水平杆力求做到平直

3）横向水平杆绑在纵向水平杆上，靠立杆的横向水平杆则宜绑在立杆上，如图 5—11 所示。双排脚手架的横向水平杆靠墙的一端应离开墙面 5～15 cm。横向水平杆伸出立杆部分不应小于 30 cm。

4）脚手架搭设至三步以上时应绑设栏杆、挡脚板、抛撑、斜撑或剪刀撑等。最下一步斜撑或剪刀撑的底脚应距立杆 70 cm，如图 5—12 所示。

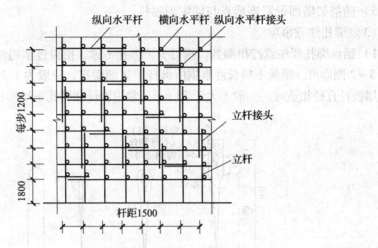

图 5—10　立杆和纵向水平杆的接头布置

每步1200
1800
杆距1500
纵向水平杆　横向水平杆　纵向水平杆接头
立杆接头
立杆

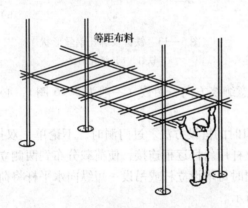

等距布料

图 5—11　横向水平杆绑在纵向水平横杆上

单元
5

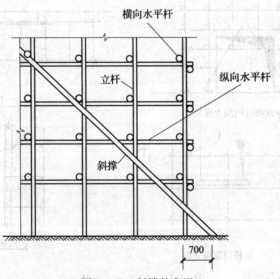

横向水平杆
立杆
纵向水平杆
斜撑
700

图 5—12　斜撑的布置

5）随搭架随即设置连墙点与墙牢固锚拉。

（3）绑扎注意事项

1）铅丝绑扎要注意拧扭圈数。扭得少了绑扎不紧，扭得过多铅丝容易拧断，一般拧扭1.5～2圈即可。铅丝下料长度根据所绑杆子粗细而定，一般为1.3～1.6 m，鼻孔大小与所用铁钎直径相适应，一般不大于15 mm。常用铁钎和绑扎钢丝形状如图5—13所示。

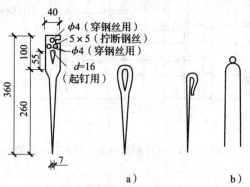

图5—13　铁钎及绑扎钢丝形状
a）铁钎　b）绑扎钢丝

2）绳子绑扎要注意缠绕方向、圈数（一般为5～6圈），必须每圈收紧，最后压紧绳头。

（4）遇到门窗洞口时的搭设方法。过门洞时，不论单、双排脚手架均可挑空1～2根立杆，并将悬空的立杆用斜杆逐根连接，使荷载分布到两侧立杆上。

单排脚手架遇窗洞时可增设立杆或吊设一短纵向水平杆将荷载传布到两侧的横向水平杆上，如图5—14所示。

单元 **5**

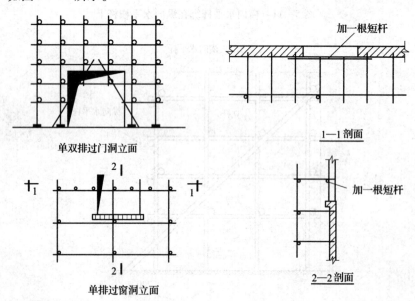

图5—14　门窗洞口搭设示意

（5）脚手板铺设。外脚手架脚手板铺设应符合下列规定：

1）作业层脚手板应满铺，并应牢固稳定，不得有空隙；严禁铺设探头板。

2）对头铺设的脚手板，其接头下面应设置两根横向水平杆，板端悬空部分应为100～150 mm，并应绑扎牢固。

3）搭接铺设的脚手板，其接头必须在横向水平杆上，搭接长度应为200～300 mm，板端挑出横向水平杆的长度应为100～150 mm。

4）脚手板两端必须与横向水平杆绑牢。

5）往上步架翻脚手板时，应从里往外翻。

6）常用脚手板的规格形式应按《建筑施工木脚手架安全技术规范》（JGJ 164—2008）附录A选用，其中竹片并列脚手板不宜用于有水平运输的脚手架；薄钢脚手板不宜用于冬季或多雨潮湿地区。

四、双排外脚手架的搭设

双排外脚手架的搭设要点和质量要求基本上与单排外脚手架的搭设要点和质量要求相同，但强调以下要求：

1. 立杆

根据技术交底和建筑物的特点，确定立杆纵、横间距，现场拉线，钉竹签放样。搭设双排架时，里外立杆距离应当相等。

立杆应小头朝上，上下竖直，搭设到建筑顶端时，为了便于操作，又能搭设外围护，保证安全，内排立杆应低于女儿墙上皮或檐口0.1～0.5 m；外排立杆应高出平屋顶1.0～1.2 m，高出坡屋顶、檐口1.5 m，最后一根立杆应小头朝下，将多余部分往下错动，使立杆顶部平齐。

立杆采用搭接接长，相邻两根立杆的搭接接头应错开一步架；同一立杆上的相邻接头，大头应当相互错开并保持垂直。搭接长度不小于1.5 m，绑扎不得少于三道钢丝，绑扎钢丝的间距为600～750 mm。杆件沿纵向垂直允许偏差应为架高的3/1 000，且不大于100 mm；架体严禁向外倾斜，架体向内倾斜度不应超过1%，且不应大于150 mm。

2. 纵向水平杆

根据建筑物的总高度和特点及施工要求确定架子的步距，以及第一个架子的高度。立杆与纵向水平杆应进行十字扣绑扎，纵向水平杆应绑在立杆里侧。

立杆、纵向水平杆的接长以及剪刀撑与立杆相交、横向水平杆与纵向水平杆相交，均用顺扣绑扎。纵向水平杆应当用搭接接长，搭接长度应不小于1.5 mm，绑扎道数不得少于三道，其间距应为600～750 mm，上、下层架接头应互相错开。

在架体端部，纵向水平杆的大头均应朝外，除架体端部外，同一步架的纵向水平杆的大头朝向应当一致，上、下相邻两步架的纵向水平杆大头朝向应当相反。

同一步架的内外两排纵向水平杆不得有接头，相邻两纵向水平杆接头应当错开。

3. 横向水平杆

立杆与纵向水平杆节点处必须设置横向水平杆，其余部分应当等距均匀设置；横向

单元
5

水平杆应与纵向水平杆捆绑在一起，其大头应朝外；沿竖向靠立杆的上、下相邻横向水平杆应分别搁置在立杆的不同侧面。

4. 剪刀撑

在架体的端部、转角处和中间每隔 15 m 的净距内设置剪刀撑，并应由底至顶连续设置；剪刀撑的斜杆应至少覆盖 5 根立杆。斜杆与地面夹角为 45°～60°。当架长在 30 m 以内时，应在外侧立面整个长度和高度上连续设置多跨剪刀撑，如图 5—15 所示。

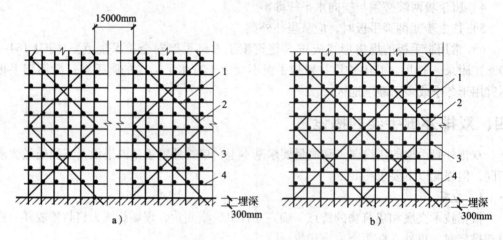

图 5—15 剪刀撑构造图
a）间断式剪刀撑 b）连续式剪刀撑
1—剪刀撑 2—立杆 3—横向水平杆 4—纵向水平杆

剪刀撑的斜杆端部应置于立杆与纵向、横向水平杆相交节点处，与横向水平杆绑扎牢固。中部与立杆及纵向、横向水平杆各相交处应绑扎牢固。

对不能交圈搭设的单片脚手架，应在两端端部从底到上连续设置横向斜杆，如图 5—16a 所示。斜撑或剪刀撑的斜杆底端埋入土中，如图 5—16b 所示。当不能埋入地下时，应用镀锌钢丝牢固绑扎在立杆交合处。

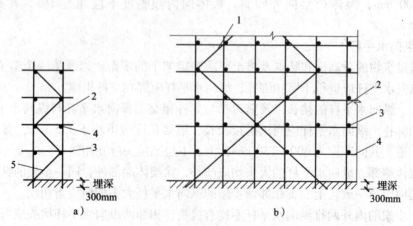

图 5—16 斜撑构造图
1—剪刀撑 2—立杆 3—纵向水平杆 4—横向水平杆 5—斜杆

单元 5

5. 抛撑与连墙件

三步以上的架子应每隔 7 根立杆设置一根抛撑，抛撑应进行可靠固定，底端埋深应为 200~300 mm。架高大于 7m 不便于设抛撑时，应设置连墙件使架子与建筑物牢固连接，增加脚手架的稳定性。上下排连墙件的竖直距离为 2~3 步架高，水平距离不大于 4 倍的立杆纵距。

连墙件可以采用以下几种形式：

（1）在混凝土结构墙体、梁、柱等部位，可预埋 8 mm 钢筋环或打膨胀管螺栓，然后用双股 8 号镀锌钢丝与立杆拉结，与此同时用短木杆顶住墙面，使连墙件既能承受拉力，又能承受压力，如图 5—17b 所示。

（2）砖砌墙体可以将连墙杆的一端穿过墙，并在墙的里外用加固件紧固在墙体上，如图 5—17b 所示。

（3）在窗洞口处，可用另外两根短杆将连墙杆夹住窗间墙，如图 5—17c 所示。

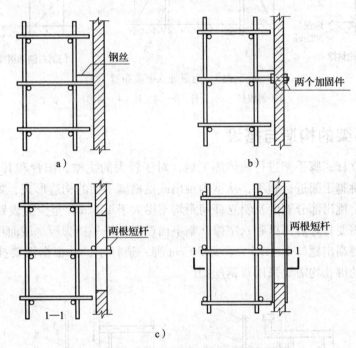

图 5—17　连墙杆与墙的拉接

a）用镀锌钢丝拉结　b）用加固件夹墙　c）窗洞处用两根短杆夹墙

6. 门窗洞口处的搭设

当双排脚手架底层设置门洞时，宜采用上升斜杆、平行弦杆桁架结构形式，如图 5—18 所示。斜杆与地面倾角应为 45°~60°。双排脚手架门洞处的空间桁架除下弦平面处，应在其余 5 个平面内的图示节间设置一根斜腹杆，斜杆的小头直径不得小于 90 mm，上端应向上连接交搭 2~3 步纵向水平杆，并应绑扎牢固。斜杆下端埋入地下不得小于 0.3 m，门洞桁架下的两侧立杆应为双杆，副立杆高度应高于门洞口 1~2 步。

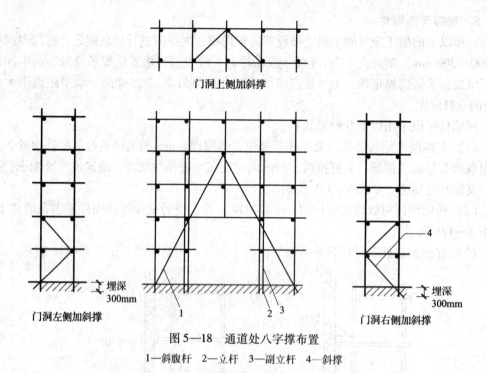

门洞上侧加斜撑

门洞左侧加斜撑

门洞右侧加斜撑

图5—18　通道处八字撑布置

1—斜腹杆　2—立杆　3—副立杆　4—斜撑

五、挑脚手架的构造与搭设

单元 **5**

　　在采用多立杆式脚手架进行墙体施工后，对于较大的挑檐、阳台和其他凸出部分，可用杆件搭设挑脚手架进行施工，从室内挑出或挑檐脚手架的构造形式，如图5—19和图5—20所示。挑出部分宽度及斜立杆间距均不得大于1.5 m，至少应设置三道纵向水平杆，并根据需要打好剪刀撑和八字撑，临空面设置栏杆和挡脚板。屋面用的挑檐脚手架，防护栏杆要高出檐口1～1.5 m，每30 cm绑一道杆子，并根据需要挂安全网或围席。所有杆件的绑扎均需要采用双钢丝扣。

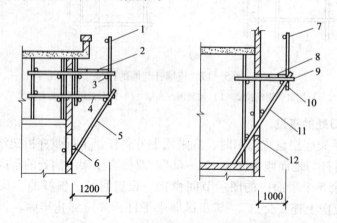

图5—19　室内挑出脚手架构造形式

1、7—栏杆　2、8—脚手板　3、10—纵向水平杆

4、9—横向水平杆　5、11—斜撑　6、12—横杆

从洞口挑出的架子应先搭设室内部分。

使用这种脚手架时，必须严格控制施工荷重，一般每平方米不得超过 100 kg，如果需要承受较大荷重时，应采取加强措施。

六、木脚手架的拆除注意事项

（1）拆除脚手架前应清除脚手架上的材料、工具和杂物。

（2）拆除脚手架时应设置警戒区，设立警戒标志，并由专人负责警戒，禁止无关人员进入。

（3）进行脚手架拆除作业时应统一指挥，信号明确，上下呼应，动作协调；当解开与另一人有关的结扣时，应先通知对方，严防坠落。

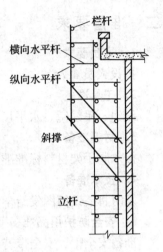

图 5—20　挑檐脚手架

（4）在高处进行拆除作业的人员必须配戴安全带，其挂钩必须挂于牢固的构件上，并应站立于稳固的杆件上。

（5）拆除顺序由上而下、先绑后拆、后绑先拆。应先拆除栏杆、脚手板、剪刀撑、斜撑，后拆除横向水平杆、纵向水平杆、立杆等，一步一清，依次进行。严禁上下同时进行拆除作业。

（6）拆除立杆时，应先抱住立杆再拆除最后两个扣；当拆除纵向水平杆、剪刀撑、斜撑时，应先拆除中间扣，然后托住中间，再拆除两头扣。

（7）大片架体拆除后所预留的斜道、上料平台和作业通道等应在拆除前采取加固措施，确保拆除后的完整、安全和稳定。

（8）脚手架拆除时严禁碰撞附近的各类电线。

（9）拆下的材料应采用绳索拴住木杆大头后利用滑轮缓慢下运，严禁抛掷。运至地面的材料应放至指定地点，随拆随运，分类堆放。

（10）在拆除过程中不得中途换人；当需要换人作业时，应将拆除情况交代清楚后方可离开。中途停拆时应将已拆部分的易塌、易掉杆件进行临时加固处理。

（11）连墙件的拆除应随拆除进度同步进行，严禁提前拆除，并在拆除最下一道连墙件前应先加设一道抛撑。

实训 3　搭设双排木脚手架

一、实训内容

搭设外墙用双排木脚手架。立杆纵距为 1.5 m，脚手架长度为 8 跨，立杆横距为 1.2 m，立杆步距为 1.8 m，脚手架高度为 5 步。按规定要求设置抛撑、剪刀撑及连墙件，两端横向设置斜杆。每步搭设外侧栏杆，铺设竹串片脚手板。

二、准备要求

1. 人员要求

搭设人员6人。

2. 工具准备

线绳、吊线锤、水平尺等测量工具若干，钎子、钢卷尺若干。

3. 材料准备

按木脚手架材料标准准备镀锌钢丝及各种长度的木杆、竹串片脚手板若干。

4. 技术准备

及时将搭设简图发给学员，并对搭设人员进行安全技术交底。

5. 安全防护用品准备

准备安全帽、安全带若干，并对使用人员介绍安全用品的正确使用方法。

6. 场地准备

在搭设现场周围5m范围内设置警戒区。

三、操作步骤

步骤1　平整搭设场地，夯实基土。
步骤2　按立杆的跨距、排距放线。
步骤3　定位出各立杆的位置，按定位线挖坑竖立杆。
步骤4　按搭设工艺要求分别搭设扫地杆、立杆、水平杆和抛撑。
步骤5　随搭设进度逐步安装竹串片脚手板，及时设置剪刀撑、斜撑及连墙件。
步骤6　搭设完毕后，检查结构是否合理，对所有绑扣逐个检查并拧紧。

四、质量验收及评分标准

搭设质量按木脚手架搭设技术要求、允许偏差分项验收。验收评分标准见表5—3。

表5—3　　　　　　　　　　　木脚手架搭设训练项目及要求的评分表

序号	训练项目	训练内容	评分标准	配分	扣分	得分
1	口述回答	本项目主要安全技术要求	能回答5项以上得满分，每缺一项扣3分	10		
2	施工准备	施工准备，材料进场	构配件要求配齐，按要求检查，每缺一项扣5分	10		
3	操作	按操作程序搭设	符合操作程序得满分，每错1次扣2分	10		
		组合方式	错误不得分	10		
		组架方式	不及时设置连墙件扣3分，中间横杆设置不当扣3分，出现探头板扣3分	10		
		正确使用工具	不能正确使用工具，视情况酌情扣1~3分	5		

单元
5

续表

序号	训练项目	训练内容	评分标准	配分	扣分	得分
4	质量要求	立杆垂直度	超出误差范围不得分	5		
		剪刀撑、连墙件	结构正确，布局合理得满分，否则酌情扣分	10		
		绑扎要求	每个绑扣不符合要求扣0.5分	5		
5	文明施工	操作现场整洁	施工完后场地不清理扣3～5分	5		
6	安全施工	遵守安全操作规程	重大事故本项目无分，一般事故扣3～5分	10		
7	工效	时间定额	在规定时间的±10 min内完成得满分，超过酌情扣分	10		
8	合计			100		

五、注意事项

（1）脚手架搭设人员必须是经过培训的架子工。

（2）搭设人员要穿戴好安全帽、工作手套、防滑鞋后方可上架作业，衣服要轻便，高处作业必须系安全带。

（3）搭设人员应配备工具套，工具用后必须放在工具套内，手拿木杆时，不准同时拿钎子等工具。

（4）搭设人员作业时要精力集中，注意相互之间的协作，严格按搭设操作规程的要求完成架体搭设。

（5）每搭完一步应及时校正脚手架的几何尺寸、立杆的垂直度，使其符合木脚手架的技术要求，符合要求后才能继续向上搭设。

（6）在搭至有连墙撑或抛撑的构造点时，搭完该处立杆、纵向水平杆、横向水平杆后，应立即设置连墙杆或抛撑，将架体固定牢固后方可继续搭设。

（7）剪刀撑和斜撑要随架子的搭设同步进行。

（8）搭完后要对绑扣进行检查。

单元
5

单元测试题

一、填空题（请将正确的答案填写在横线空白处）

1. 桦木、椴木、油松和其他腐朽、易折裂以及有_____的木杆不得使用。

2. 使用木杆搭脚手架时，立杆和斜杆（包括斜撑、抛撑、剪刀撑等）的小头直径不小于_____ cm；纵向水平杆、横向水平杆的小头直径不小于_____ cm。

3. 木杆脚手架杆件搭接接长采用顺扣，搭接长度应不小于_____倍平均直径或_____ m，绑扎不少于3道，间距不小于_____ m。

4. 木脚手架杆件连接绑扎时，当杆件垂直相交时可采用_____。

5. 木杆脚手架不论双排或单排木脚手架均应在尽端的双跨内和中间每隔_____m左右的双跨内设置剪刀撑。

6. 木杆脚手架的立杆、抛撑和最下一步斜撑的底端均要埋入地下。埋设深度视土质情况而定，一般立杆埋深应不小于_____cm，抛撑和斜撑埋深为20~30 cm。

7. 木杆脚手架立杆竖立应做到纵成线，横成方，杆身垂直。相邻两杆的接头应错开一步架。接头的搭接长度，木杆应跨两根横杆并不小于_____m，绑扎不少于3道。

8. 使用木杆脚手架时，必须严格控制施工荷重，一般每平方米不得超过_____kg，如需承受较大荷重时，应采取加强措施。

二、判断题（下列判断正确的请打"√"，错误的请打"×"）

1. 杨木、柳木质脆易折，一般也不宜使用。 （ ）

2. 拆除脚手架前，应清除脚手架上的材料、工具和杂物。 （ ）

三、多项选择题（下列每题的选项中，至少有两个是正确的，请将正确答案的代号填写在横线空白处）

1. 木脚手架是由木杆_____绑扎而成。

　　A. 铁丝　　　　　B. 麻绳　　　　　C. 棕绳　　　　　D. 竹篾

2. 砖砌体的_____部位不得留置脚手眼。

　　A. 砖过梁上与梁成60°角的三角形范围内

　　B. 砖或柱宽度小于740 mm 的窗间墙及设计图纸上规定不允许留洞眼的部位

　　C. 梁和梁垫下及其左右各370 mm 的范围内

　　D. 门窗洞口两侧240 mm 和转角处420 mm 的范围内

四、简答题

1. 简述木脚手架的搭设顺序。

2. 木脚手架在绑扎时应当注意哪些事项？

3. 木脚手架脚手板铺设时应当符合哪些规定？

4. 木脚手架拆除时应当注意哪些事项？

单元5

单元测试题答案

一、填空题

1. 枯节　2. 7　8　3. 8　1.2　0.6　4. 平插十字扣或斜插十字扣连接绑扎　5. 15　6. 50　7. 1.5　8. 100

二、判断题

1. √　2. √

三、多项选择题

1. ABCD　　2. ABCD

四、简答题

答案略。

第6单元

外挂脚手架

采用挂置于主（墙）体结构的外脚手架称为外挂脚手架，即在主体结构的墙体或钢筋混凝土框架柱、梁内埋设挂钩，将定型的外挂脚手架挂置于挂钩上。亦可在钢筋混凝土墙体上设孔洞，使用螺栓固定。定型外挂脚手架一般为3步架（3层作业高度），可用型钢材料专门加工制作或采用脚手架杆构件组装，但必须具有较好的整体刚度，以满足反复吊升降的要求。

第一节 外挂脚手架的相关规定

→ 掌握外挂脚手架设置的一般要求
→ 掌握外挂脚手架的安装、拆卸与升降

一、外挂脚手架设置的一般要求

（1）采用整体吊升降的外挂脚手架必须具有较好的整体刚度。当采用脚手架杆构件组装时，其纵向水平杆应采用整根的长杆；采用碗扣式钢管脚手架或门式钢管脚手架搭设时，应加设必要数量的通长纵向水平杆加强（用扣件连接）；除构架稳定所要求的斜杆外，在吊点和悬挂点处应使用杆件予以加强，杆件间的连接必须牢固可靠。

（2）新设计组装或加工定型的外挂脚手架，在使用前应进行不低于1.5倍施工荷载的静载试验和起吊试验，试验合格（未发现焊缝开裂、结构变形等情况）后方能投入使用。

（3）塔吊应具有满足整体吊升（降）外挂脚手架重量的起吊能力。

（4）外挑脚手架立杆的底部应与挑梁可靠连接固定。一般可采用在挑梁上焊短钢管，将立杆套入顶紧后，使用U形销使其连接固定，亦可采用螺栓连接方式。

（5）超过3步的外挂脚手架，应每隔3步和3跨设一连墙件，以确保其稳定承载能力。外挂脚手架的底部应设顶墙杆（件）并与墙体拉结固定，以避免或减小脚手架使用时出现的晃动。

（6）外挂脚手架的外侧立面应采用立网全封闭围护，以确保架上人员操作安全和避免发生落物。

（7）必须设置可靠的上下人员的安全通道（出入口）。

（8）使用中应经常检查外挂脚手架的工作情况。发现异常时应及时停止作业，进行检查和处理。

二、外挂脚手架的安装、拆卸与升降

（1）外挂脚手架在地面上组装，用手动工具（倒链、手扳葫芦、手摇提升器、滑轮等）升降。手动工具的挂置点可利用钢筋混凝土柱子上的预留孔或预埋钢筋环作为

单元 **6**

临时支架。

（2）下一步挂架的拆卸和上一步挂架的安装可利用外挂脚手架下附挂的小吊篮和手动工具配合进行。砌墙到顶后，在屋顶上用台灵架或拔杆将工作台放到地面，再用小吊篮配合拆卸挂架。

（3）利用钢筋混凝土柱子上部的预留孔或预埋钢筋环挂设附着式升降机，用以提升工作台和配合进行外挂架的拆、装，即将下一步挂架拆下装到上一步使用。

（4）其他注意事项。

1）粉刷勾缝用轻型外挂脚手架并用人工翻架子时，不论由上而下或由下而上翻拆，均可采取边拆边装的流水作业方法，但拆与装之间要保持适当距离，尽量提供操作方便的条件。操作人员要互相协调，紧密配合。

2）必须严格控制外挂脚手架上的荷载，粉刷、勾缝用的外挂脚手架每跨同时操作人员不得超过三人。

3）民用工程外装修采用外挂脚手架施工时，应先做外装修，后做内装修，前后可错开一个楼层。

第二节　外挂架的构造和设置方法

→ 了解外挂架挑梁（架）的类型
→ 掌握挑梁的间距和横梁的设置
→ 掌握脚手架立杆与挑梁（或横梁）的连接
→ 掌握挂置点的设置方法与构造
→ 了解挂架
→ 了解外挂脚手架的应用
→ 掌握外挂脚手架使用注意事项

单元

6

一、外挂架挑梁（架）的类型

1. 悬挂式型钢挑梁

悬挂式型钢挑梁如图6—1a所示，其一端固定在结构上，另一端用拉杆或拉绳拉结到结构的可靠部位上。拉杆（绳）应有收紧措施，以便在收紧以后承担脚手架荷载。拉杆与结构的连接方法如图6—2所示。

2. 下撑式挑梁

下撑式挑梁受拉如图6—1b所示，与结构的连接方法如图6—3所示。

3. 桁架式挑梁

桁架式挑梁通常采用型钢制作，如图6—1c所示，其上弦杆受拉，与结构连接采用受拉构造；下弦杆受压，与结构连接采用支顶构造。

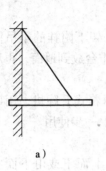
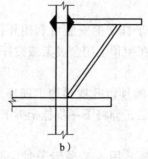
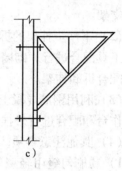

a)　　　　　　　b)　　　　　　　c)

图 6—1　挑梁（架）类型

a）悬挂式型钢挑梁　b）下撑式挑梁　c）桁架式挑梁

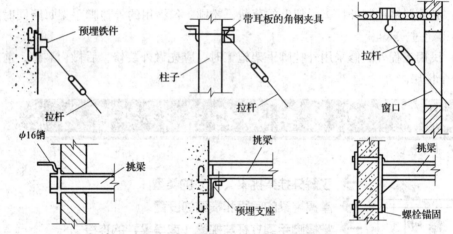

图 6—2　悬挂式挑梁与结构的连接方法

单元
6

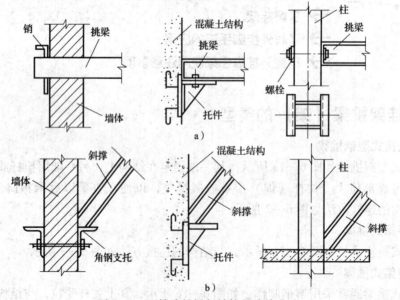

图 6—3　下撑式挑梁与结构的连接方法

a）挑梁抗拉节点构造　b）斜撑杆底部支点构造

桁架式挑梁与结构墙体之间还可以采用螺栓连接方法，如图6—4所示。螺栓穿于刚性墙体的预留孔洞或预埋套管中可以方便拆除和重复使用。

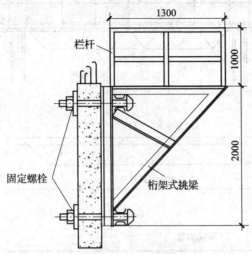

图6—4　桁架式挑梁与墙体间的螺栓连接

二、挑梁和横梁的设置

1. 挑梁设置

挑梁的布置间距是挑梁式挑脚手架中的关键问题之一，在确定挑梁的布置间距时，应考虑以下问题：

（1）结构条件。挑梁（架）必须装设在可以承受其荷载作用的结构部位，即板墙结构中有横隔墙的部位、框剪结构中的柱梁接头部位等可以承受较大水平力和垂直力作用的部位。挑梁的上下持力点一般应限制在上下距楼层结构不超过 500 mm 的范围内。当根据施工的需要只能设置在结构的薄弱部位时，必须对结构进行加固或设置拉杆或压杆，将荷载传给结构的坚强部位承受。无论何种情况下，必须请结构设计人对结构进行核算，以确保挑脚手架和结构的安全。

（2）施工对挑梁安装部位的要求。既要考虑便于作业和不影响其他作业项目的进行，也要考虑为吊运和装拆提供方便。

（3）经济效果。要对不同布置方案的工料耗用和架子效能进行综合比较后，择优选用。

一般情况下，挑梁的间距不宜超过两个柱距（或开间）或5倍的立杆纵距，即将横梁的跨度控制在9 m以内。

2. 横梁的设置

（1）型钢式横梁。一般采用工字钢或槽钢制作。当横梁跨度为6 m左右时，一般需使用18～20号工字钢或20～22号槽钢。当跨度超过7.5 m时，应考虑采用桁架式横梁，以降低钢材用量。

（2）轻型桁架式横梁可用角钢、钢筋或钢管等焊接而成，可做成单片的或三角体的，每对三角挂架之间要装设两榀桁架。单片桁架为了保持其稳定，应在桁架之间加设支撑。桁架两端搁于三角挂架上，用螺栓固定，如图6—5所示。

单元

6

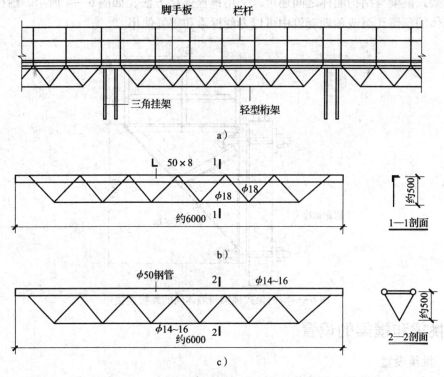

图 6—5 外挂脚手架轻型桁架式横梁支撑形式

a）轻型桁架式横梁支撑形式　b）单片桁架形式　c）三角体桁架

单元 6

在桁架顶面上要均摆横杆，横杆可用木料或钢管，而且要放在桁架的节点上，在横杆上铺设脚手板，如图 6—6 所示。

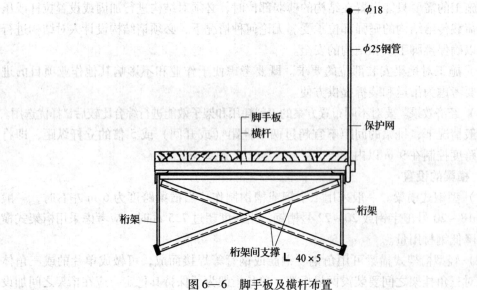

图 6—6 脚手板及横杆布置

三、脚手架立杆与挑梁（或横梁）的连接

在挑梁或横梁上焊短钢管（长 150～200 mm，其外径比脚手立杆内径小 1～1.5 mm），用接长扣件与立杆连接，同时在立杆下部绑 1～2 道扫地杆，以确保脚手架底部的稳定。

四、挂置点的设置方法与构造

挂脚手架的挂置点大多设在柱子或墙上，设在柱子上的多为砌筑围护墙用；设在墙上的多为粉刷装修用。具体的设置方法有下列几种：

1. 在混凝土柱子内预埋挂环

挂环用 φ20～φ22 mm 钢筋环或特制铁埋件，预先埋在混凝土柱子内，如图 6—7 所示，埋设间距根据砌筑脚手架的步距而定，首步为 1.5～1.6 m，其余为 1.2～1.4 m。

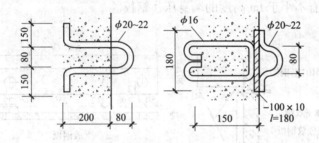

图 6—7　柱内预埋挂环

2. 在混凝土柱子上设置卡箍

常用的卡箍构造有以下两种：

（1）大卡箍。用两根∟75×8 角钢，一端焊 U 形挂环（用 φ20～φ22 mm 钢筋）以便挂置三角架；另一端钻直径为 24 mm 圆孔，用一根 φ22 mm 螺栓使两根角钢紧固于柱子上，如图 6—8 所示。

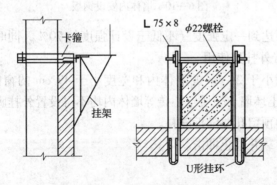

图 6—8　柱上设大卡箍

（2）小卡箍（定型卡箍）。在柱子上预留孔穿紧固螺栓，卡箍长 670 mm，预留孔距柱外皮距离，视砖墙厚度决定，如果为 240 mm 墙则此距离为 370 mm。使用这种小

卡箍比用大卡箍方便，站在工作台上即可安装卡箍，不需要在房内另设爬梯，同时还能适应柱子断面和外墙厚薄变化的需要而不必更换卡箍，如图6—9所示。

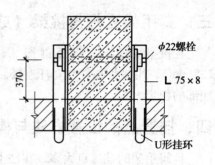

图6—9　柱上设小卡箍

3. 在墙体内安设钢板

外墙面粉刷装修用的外挂脚手架一般都在砖墙灰缝内安设8 mm厚的钢板。钢板有两种放法：一种是平放于水平缝内；另一种是竖放于垂直缝内。钢板两端留有圆孔，以便在墙外挂设脚手架，在墙内用 ϕ10 mm T形钢筋插销固定。为了适应37 cm墙和24 cm墙的需要，钢板中部还需增设一个销孔，如图6—10所示。

采用这种挂置方法时要注意以下几点：

（1）上部要有不小于1m高度的墙身压住钢板。

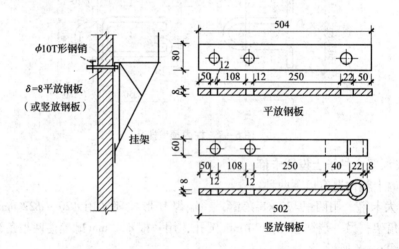

图6—10　墙体内安设钢板

（2）墙体砂浆要达到一定强度（不低于设计强度的70%，同时不低于1.8 MPa即18 kg/cm^2）才能放置外挂架使用。

（3）在窗口两侧小于24 cm的墙体内和宽度小于49 cm的窗间墙内以及半砖墙、18 cm墙、空斗墙、土坯墙、轻质空心砖等墙体内均不得设置外挂脚手架的钢板。

（4）安设钢板的预留孔要随拆随补。

（5）严格控制荷载并禁止冲击。

五、挂架

外挂脚手架所用的外挂架有砌筑用和装修用两种。砌筑用外挂架多为单层的三角形挂架，装修用外挂架有单层，也有双层的。单层的一般为三角形挂架，双层的一般为矩形挂架。

1. 砌筑用外挂架 I

砌筑用外挂架 I 适用于装配式厂房或框架结构建筑的围护墙砌筑。在混凝土柱内预埋钢筋环，每柱挂两个挂架，用 U 形铁件连成整体，挂设间距 6 m，每个挂架重 42 kg，如图 6—11 所示。砌筑用外挂架 I 在钢管和钢筋三角形截面桁架工作面上砌筑。

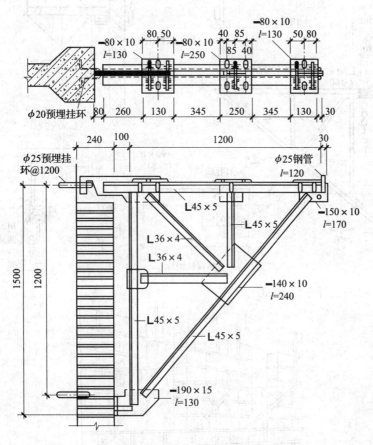

图 6—11 砌筑用外挂架 I

6
单 元

2. 砌筑用外挂架 II

砌筑用外挂架 II 适用于装配式厂房或框架结构建筑的围护墙砌筑。在混凝土柱上设置卡箍，每柱挂两个挂架，挂设间距不超过 6 m，每个挂架重 20 kg，如图 6—12 所示。该挂架在桁架式工作台上砌筑。

3. 装修用单层外挂架

装修用单层外挂架 I 适用于外墙粉刷、勾缝。它挂于砖墙竖缝内设置的钢板上，挂设间距 3 m，每个挂架重 10 kg，如图 6—13 所示。在挂架上铺脚手板即为工作平台。

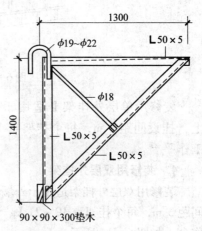

图 6—12 砌筑用外挂架 II

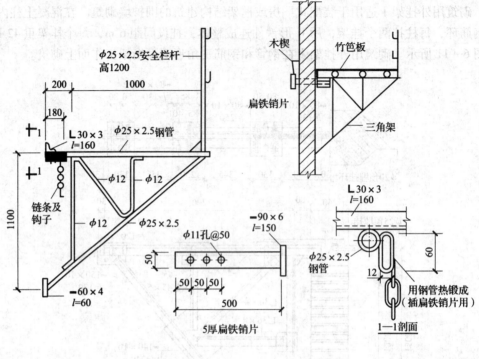

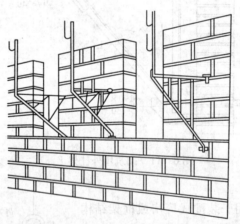

图6—13 装修用单层外挂架Ⅰ

装修用单层外挂架Ⅱ适用于外墙粉刷、勾缝。它挂于砖墙平缝内设置的钢板上，挂设间距3 m，每个挂架重11 kg，如图6—14所示。在挂架上铺脚手板即为工作平台。

4. 装修用双层外挂架

装修用双层外挂架适用于外墙粉刷、勾缝。它挂于砖墙平缝内设置的钢板上，挂设间距3 m，每个挂架重19～21 kg。在挂架上铺脚手板或绑扎大横杆后铺竹笆板作为工作台，如图6—15所示。

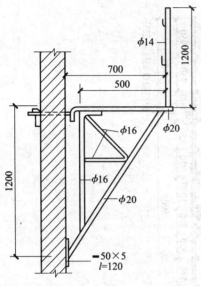

图6—14 装修用单层外挂架Ⅱ   图6—15 装修用双层外挂架

六、外挂脚手架的应用

（1）结构施工时，采用在每层现浇外墙和预制外墙板上预留孔洞，用带挂钩的螺栓将挂钩固定在墙体上。当下一层结构施工完后，用塔吊将架子吊挂在固定于墙体上的挂钩上，以便于进行上一层作业。待结构施工完毕，这些架子经改装后即可作为装修的吊篮，悬挂在由层顶伸出的钢梁上，如图6—16所示。

（2）在某些结构施工中所采用的外挂架子是在四周现浇钢筋混凝土柱子外侧每层预埋一个 $\phi20$ mm 钢筋环，角柱预埋两个 $\phi20$ mm 钢筋环，挂架子用塔吊提升后用钢丝绳及卡环与预埋钢筋环连接而成的。每个挂架子设置四层操作平台，上面两层操作平台用于支模和绑扎钢筋，浇筑混凝土，下面两层为拆模使用，如图6—17所示。

（3）如图6—18所示，在结构施工时采用的外挂脚手架是先外挂一个支承三角钢架，三角钢架由型钢焊接而成，其上设有挂钩，用以套在预先安装在结构柱子上的环箍内，环箍由两根ㄷ12槽钢和两根 $\phi30$ mm 长杆螺栓组成，长度大于柱宽，固定在柱子上。架子用塔吊提升后放置在三角钢架上就位固定，用钢丝绳将架子上端与结构梁上预埋环拉好，并加设顶杆，以保证架子的稳固。

单元

6

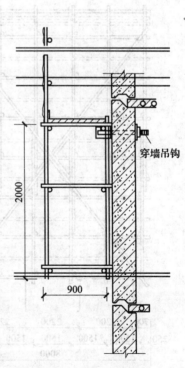

图6—16 用带挂钩的螺栓将挂钩固定在墙体上

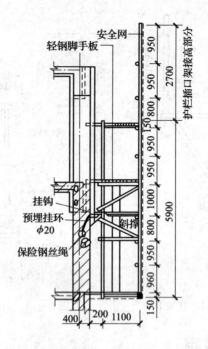

图6—17　每层预埋一个ϕ20 mm 钢筋坏用米钩挂外挂脚手架

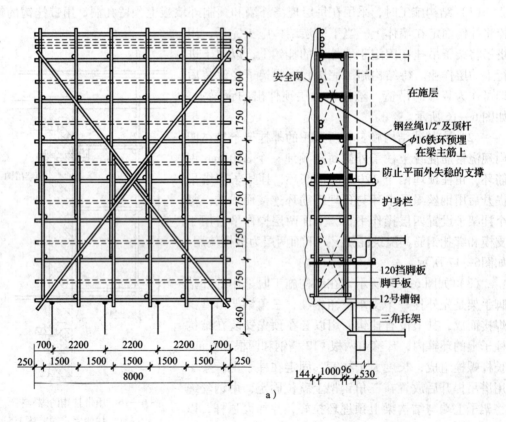

a）

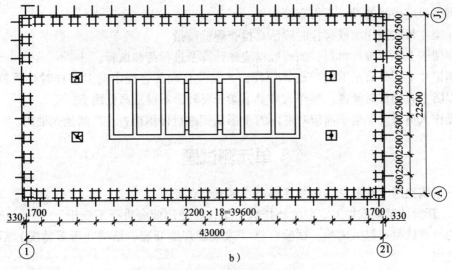

图6—18 外挂脚手架示意图

a）搭设方式示意图 b）三角钢架布置图

七、外挂脚手架使用注意事项

外挂脚手架的关键是悬挂点（采用三角钢架时还应包括三角钢架）。悬挂点一般做法是预埋钢筋环或预留孔洞后穿螺栓固定。预埋钢筋环和固定螺栓均要认真进行设计计算。采用外挂脚手架时，由于对建筑结构附加了较大外荷载，所以对建筑结构也要进行验算和加固。在投入使用前，要在接近地面的高度做荷载试验，加载试验最少持续4 h，从而检验悬挂点的强度以及焊接与预埋的质量，以防事故发生。

搭设时必须把挂架的挂钩挂到底。第一跨铺好板后应用绳索将挂架与脚手板绑牢，稳固后再上人操作。在建筑物转角处，应在每面挂架上增设水平杉杆，杉杆向转角处挑出，并互相绑牢，然后将脚手板铺在挂架和杉杆上，杉杆相交处要加绑短立杆作为护身栏的支柱，如图6—19所示。

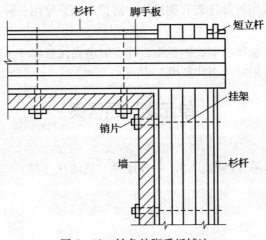

图6—19 转角处脚手板铺法

单元
6

脚手板应搭接铺设，不得有探头板。

挂架在每次使用前或移挂时应认真检查焊缝质量。

在架子上不得堆放材料，如需堆料应经计算及进行荷载试验。

钢销片上部要有足够的砖砌体压住，尤其是在砌砖过程中向上移挂时必须特别注意，以防上人操作时倾覆。操作人员上下架子要轻，不得从高处跳下。

操作人员每天上架子前应对室内的 T 形插销进行仔细检查，严禁他人抽出。

单元测试题

一、填空题（请将正确的答案填写在横线空白处）

1. 新设计组装或加工定型的外挂脚手架，在使用前应进行不低于_____倍施工荷载的静载试验和起吊试验，试验合格（未发现焊缝开裂、结构变形等情况）后方能投入使用。

2. 塔吊应具有满足_____外挂脚手架重量的起吊能力。

3. 超过 3 步的外挂脚手架，应每隔 3 步和 3 跨设_____，以确保其稳定承载能力。外挂脚手架的底部应设_____并与墙体拉结固定，以避免或减小脚手架使用时出现的晃动。

二、判断题（下列判断正确的请打"√"，错误的请打"×"）

1. 外挑脚手架立杆的底部应与挑梁可靠连接固定。一般可采用在挑梁上焊短钢管，将立杆套入顶紧后，使用 U 形销使其连接固定，亦可采用螺栓连接方式。（　　）

2. 外挂脚手架在地面上组装，用手动工具（倒链、手扳葫芦、手摇提升器、滑轮等）升降。手动工具的挂置点可利用钢筋混凝土柱子上的预留孔或预埋钢筋环作为临时支架。（　　）

3. 型钢式横梁一般采用工字钢或槽钢制作。（　　）

4. 轻型桁架式横梁可用角钢、钢筋或钢管等焊接而成，可做成单片的或三角体的，每对三角挂架之间要装设两榀桁架。（　　）

5. 外挂脚手架所用的外挂架有砌筑用、防护用和装修用三种。（　　）

三、简答题

1. 外挂脚手架在墙体内安放钢板设置挂点时应当注意哪些事项？

2. 外挂脚手架使用时应当注意哪些事项？

单元测试题答案

一、填空题

1. 1.5　2. 整体吊升(降)　3. 一连墙件　顶墙杆（件）

二、判断题

1. √　2. √　3. √　4. √　5. ×

三、简答题

答案略。

单元 6

第7单元

悬挑式脚手架

第一节 悬挑式支承的结构及分类

→ 了解悬挑式脚手架的适用范围及类型
→ 掌握支撑杆式外挑脚手架
→ 掌握挑梁式外挑脚手架

一、悬挑式脚手架的适用范围及类型

1. 悬挑式脚手架的适用范围

在高层建筑施工中，遇到以下三种情况时可采用悬挑式外脚手架。

（1）±0.000 标高以下结构工程回填土不能及时回填，而主体结构工程必须立即进行，否则将影响工期。

（2）高层建筑主体结构四周为裙房，脚手架不能直接支承在地面上。

（3）超高层建筑施工，脚手架搭设高度超过了架子的容许搭设高度，因此将整个脚手架按容许搭设高度分成若干段，每段脚手架支承在由建筑结构向外悬挑的结构上。

2. 悬挑脚手架的搭设必须依据施工方案

（1）悬挑脚手架在搭设之前，应制定搭设方案并绘制施工图指导施工。对于多层悬挑的脚手架，必须经设计计算确定。其内容包括悬挑梁或悬挑架的选材及搭设方法，悬挑梁的强度、刚度、抗倾覆验算，与建筑结构的连接做法及要求，上部脚手架立杆与悬挑梁的连接等。悬挑架的节点应该采用焊接或螺栓连接，不得采用扣件连接做法。

（2）施工方案应包括立杆的稳定措施、悬挑梁与建筑结构的连接等关键部位，工人作业指导按大样详图进行搭设。

3. 悬挑式脚手架的类型

悬挑式脚手架一般有两种：一种是每层一挑，将立杆底部顶在楼板、梁或墙体等建筑部位，向外倾斜固定后，在其上部搭设横杆，铺脚手板形成施工层，施工一个层高，待转入上层后，再重新搭设脚手架，提供上一层施工；另外一种是多层悬挑，将全高的脚手架分成若干段，每段搭设高度不超过 25 m，利用悬挑梁或悬挑架作脚手架基础分段悬挑分段搭设脚手架，利用此种方法可以搭设超过 50 m 以上的脚手架。

二、支撑杆式外挑脚手架

支撑杆式挑脚手架的支承结构直接用脚手架杆件搭设。

1. 斜撑式外挑脚手架

如图 7—1 所示为外挑脚手架，其支承结构为内、外两排立杆上加设斜撑杆，斜撑杆一般采用双钢管，而水平横杆加长后一端与预埋在建筑物结构中的铁环焊牢，这样脚手架的荷载通过斜杆和水平横杆传递到建筑物上。这种结构由于其节点采用扣件连接，是不允许多层悬挑的，只能施工一个层高再转入上层重新搭设脚手架。

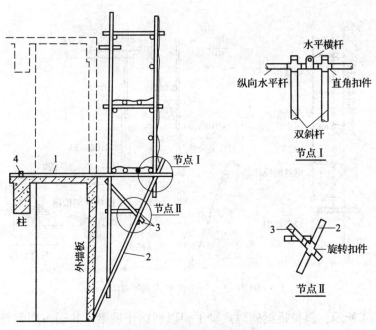

图7—1 斜撑式外挑脚手架
1—水平横杆 2—双斜撑杆 3—加强短杆 4—预埋铁环

2. 下撑上拉式外挑脚手架

这种外挑脚手架的支承结构采用下撑上拉方法，在脚手架的内、外两排立杆上分别加设斜撑杆（外排斜撑采用双杆），斜撑杆的下端支在建筑结构的梁或楼板上，并且内排立杆的斜撑杆的支点比外排立杆斜撑杆的支点高一层楼，如图7—2所示。斜撑杆上端用双扣件与脚手架的立杆连接。

此外，除了斜撑杆，还设置了拉杆，以增强脚手架的承载能力。这种形式较上一种受力状况要好一些，但由于节点亦采用扣件连接，所以仍然不宜多层悬挑。

三、挑梁式外挑脚手架

挑梁式外挑脚手架是利用建筑结构外边缘向外伸出的悬挑结构来支承外脚手架，将脚手架的荷载全部或部分传递给建筑结构。挑梁式外挑脚手架的关键是悬挑支承结构，它必须具有足够的强度、稳定性和刚度，并能将脚手架的荷载传递给建筑结构。

悬挑支承结构形式大致分以下两大类：

1. 斜拉挑梁式

该方式采用型钢作梁挑出，端头加钢丝绳或用钢筋花篮螺栓拉杆斜拉组成悬挑支承结构。由于悬出端支承杆件是斜拉索或拉杆，因而又简称为斜拉式，如图7—3所示。

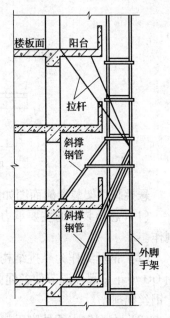

图7—2 下撑上拉式外挑脚手架

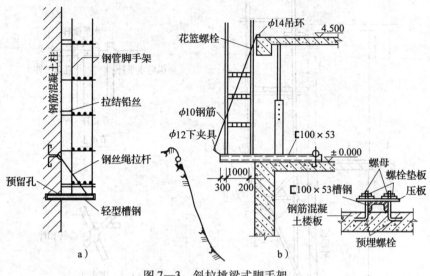

图7—3 斜拉挑梁式脚手架

如图7—4所示，斜拉挑梁碗口式脚手架以型钢作挑梁，其端头用钢丝绳斜拉，形成下挑上拉式。

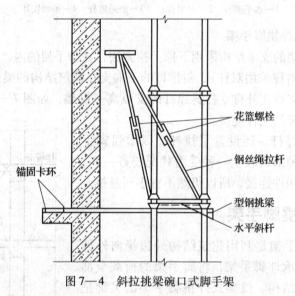

图7—4 斜拉挑梁碗口式脚手架

悬挑脚手架装置侧面图如图7—5所示。

（1）悬挑装置的主要承力构件应采用工字钢，楼板上的固定装置不得采用螺纹钢制作。

（2）钢丝绳作为悬挑结构的保险装置，不参与悬挑结构的受力计算，钢丝绳应采用OO型花篮螺栓调节使各绳张力均匀，型钢前端开孔穿钢丝绳处应加设锁具套环，防止钢丝绳损伤。

（3）在型钢支承外脚手架钢管的位置必须焊接短钢筋，让钢管套接固定在型钢上防止滑脱。

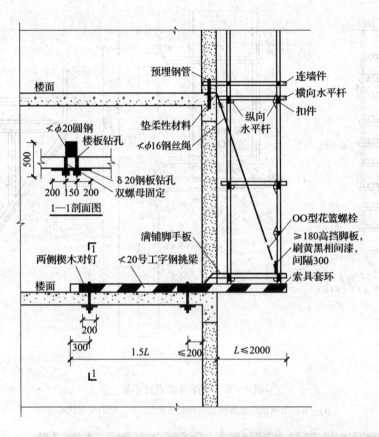

图7—5　悬挑脚手架装置侧面图

（4）当在外阳台部位设置悬挑时，应对此部位建筑结构的安全性进行验算，符合要求方可设置。

2. 下撑挑梁式

下撑挑梁式脚手架是在主体结构上预埋型钢挑梁，并在挑梁的外端加焊斜撑杆组成挑架。各根挑梁之间的间距不大于 6 m，并用两根型钢纵梁相连，然后在纵梁上搭设扣件式钢管脚手架，如图 7—6a 和 b 所示。此种类型脚手架最多可搭设的高度不超过 25 m，可同时进行两层作业，并按要求设置连墙点。

当挑梁的间距超过 6 m 时，可用型钢制作的桁架来代替，如图 7—6c 所示，但这种形式下挑梁的间距也不宜大于 9 m。

下撑挑梁式脚手架的悬出端支承杆件是斜撑受压杆件，其承载能力由压杆稳定性控制，因此断面较大，钢材用量较多且笨重，而斜拉式挑梁脚手架悬出端支承杆件是斜拉索（或拉杆），其承载能力由拉杆的强度控制，因此断面较小，能节省钢材，而且自重轻。

单元

7

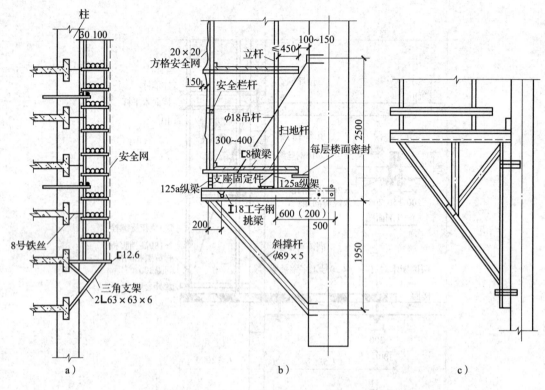

图7—6 下撑挑梁式脚手架

a)、b) 型钢挑梁加焊接斜撑杆组成挑架 c) 型钢桁架挑架

单元 **7**

第二节 悬挑脚手架的搭设及检查、验收、使用管理

培训目标

→ 掌握悬挑脚手架的搭设

→ 掌握悬挑梁及架体的稳定要求

→ 掌握悬挑脚手架的检查、验收、使用管理

一、悬挑脚手架的搭设

悬挑式扣件钢管脚手架与一般落地式扣件钢管脚手架的搭设要求基本相同。

高层建筑采用分段悬挑脚手架时，脚手架的技术要求列于表7—1中。

1. 支撑杆式挑脚手架的搭设

（1）如图7—1所示的挑脚手架为例说明支撑杆式挑脚手架的搭设方法。搭设顺序：

表7—1   分段式外挑脚手架搭设技术要求

允许荷载 （N/m²）	立杆最大纵距 l_a（mm）	立杆最大横距 l_b（mm）	步距 h（mm）
			脚手板厚度（50 mm）
1 000	2 000	1 350	2 000
2 000	2 000	1 200	1 800

水平横杆→纵向水平杆→双斜杆→内立杆→加强短杆→外立杆→脚手板→栏杆→安全网→上一步架的横向水平杆→连墙杆→水平横杆与预埋环焊接。

按上述搭设顺序搭设，并在下面支设安全网。

（2）如图7—2所示的脚手架的搭设方法是预先拼装好一定高度的双排脚手架，然后用塔吊吊至使用位置后用下撑杆和上撑杆将其固定。

2. 挑梁式脚手架的搭设

以图7—3所示的挑脚手架为例说明挑梁式脚手架的搭设方法。搭设顺序：

安置型钢挑梁（架）→安装斜撑压杆或斜拉吊杆（绳）→安放纵向钢梁→搭设脚手架或安放预先搭好的脚手架。

每段搭设高度为20 m左右，以最大不超过25 m为宜。

3. 施工要点

（1）连墙件的位置。根据建筑物的轴线尺寸，在水平方向应每隔3跨（不大于6 m）设置一个，在垂直方向应每隔2~3步设置一个，宜菱形布置，亦可呈正方形或矩形布置。

（2）连墙件的做法。在钢筋混凝土结构中预埋铁件，∟100×63×10的角钢一端与预埋件焊接，另一端与连接短管用螺栓连接，如图7—7所示。

（3）垂直控制。搭设时要严格控制分段脚手架的垂直度，垂直度偏差要求第一段不得超过1/400，第二段、第三段不得超过1/200。脚手架的垂直度要随搭随检查，发现超过允许偏差时，应及时纠正。

（4）脚手板铺设。脚手架的底层应满铺厚木脚手板，其上各层可满铺薄钢板冲压成的穿孔轻型脚手板。

（5）安全防护措施。脚手架中各层均应设置

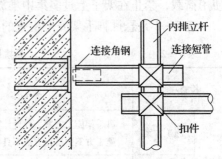

图7—7 连墙件做法

护栏、踢脚板和扶梯。脚手架外侧和单个架子的底面用小眼安全网封闭，架子与建筑物要保持必要的通道。

（6）挑梁式挑脚手架立杆与挑梁（或纵梁）的连接。应在挑梁（或纵梁）上焊150~200 mm长的钢管，其外径比脚手架立杆内径小1.0~1.5 mm，同时在立杆下部设1~2道扫地杆以确保架子的稳定。

（7）悬挑梁与墙体结构的连接。应预先预埋铁件或留好孔洞，保证连接可靠，不得随便打凿孔洞，破坏墙体。

单元
7

（8）斜拉杆（绳）。斜拉杆（绳）应装有收紧装置，以使拉杆收紧后能承担荷载。

二、悬挑梁及架体的稳定要求

（1）单层悬挑的脚手架的稳定关键在斜挑立杆的稳定与否，施工中往往将斜立杆连接在支模的立柱上，这种做法是不允许的。必须采取措施与建筑结构连接，确保荷载传给建筑结构承担。

（2）多层悬挑可采用悬挑梁或悬挑架。悬挑梁尾端固定在钢筋混凝土楼板上，另一端悬挑出楼板。悬挑梁按立杆间距（1.5 m）布置，梁上焊短管做底座，脚手架立杆插入固定，然后绑扫地杆；也可采用悬挑架结构，将一段高度的脚手架荷载全部传给底部的悬挑梁承担，悬挑架本身即形成一刚性框架，可采用型钢或钢管制作，但节点必须是螺栓连接或焊接的刚性节点，不得采用扣件连接，悬挑架与建筑结构的固定方法需要经计算确定。

（3）无论是单层悬挑还是多层悬挑，其立杆的底部必须支托在牢靠的地方，并有固定措施确保底部不发生位移。

（4）多层悬挑每段搭设的脚手架，应该按照一般落地脚手架搭设规定，垂直不大于两步，水平不大于 3 跨与建筑结构拉接，以保证架体的稳定。

三、悬挑脚手架的检查、验收和使用管理

脚手架分段或分部位搭设完后必须按相应的钢管脚手架安全技术规范要求进行检查、验收，经检查验收合格后，方可继续搭设和使用，在使用中应严格执行有关安全规格。

脚手架在使用过程中更要加强检查，并及时清除架子上的垃圾和剩余料，注意控制使用荷载，禁止在架子上过多集中堆放材料。

表 7—2 是悬挑脚手架安全检查的评分表。

表 7—2　　　　悬挑脚手架检查评分表

检查项目		扣分标准	应得分数	扣减分数	实得分数
保证项目	施工方案	脚手架施工方案、设计计算书或未经上级审批的扣 10 分 施工方案中搭设方法不具体的扣 6 分	10		
	悬挑梁及架体稳定	外挑杆件与建筑结构连接不牢固的每有一处扣 5 分 悬挑梁安装不符合设计要求的每有一处扣 5 分 立杆底部固定不牢的每有一处扣 3 分 架体未按规定与建筑结构拉结的每有一处扣 5 分	20		
	脚手板	脚手板铺设不严、不牢的扣 7～10 分 脚手板材质不符合要求的扣 7～10 分 每有一处探头板扣 2 分	10		
	荷载	脚手架荷载超过规定的扣 10 分 施工荷载堆放不均匀的每有一处扣 5 分	10		

检查项目		扣分标准	应得分数	扣减分数	实得分数
保证项目	交底与验收	脚手架搭设不符合方案要求的扣7～10分 每段脚手架搭投后，无验收资料的扣5分 无交底记录的扣5分	10		
	小计		60		
一般项目	杆件间距	立杆间距超过规定的扣5分 大横杆间距超过规定的扣5分	10		
	架体防护	施工层外侧未设置1.2 m高防护栏杆和未设18 cm高的踏脚板的扣5分 脚手架外侧不挂密目式安全网或网间不严密的扣7～10分	10		
	层间防护	作业层下无平网或其他防护措施的扣10分 防护不严密扣5分	10		
	脚手架材质	杆件直径、型钢规格及材质不符合要求的扣7～10分	10		
	小计		40		
检查项目合计			100		

单元测试题

一、填空题（请将正确的答案填写在横线空白处）

1. 挑梁式脚手架采用固定在建筑物结构上的悬挑梁（架），并以此为支座搭设脚手架，一般为双排脚手架。此种类型脚手架最多可搭设的高度不超过_____ m，可同时进行_____层作业，并按要求设置连墙点。

2. 下撑式挑梁脚手架是在主体结构上预埋型钢挑梁，并在挑梁的外端加焊斜撑杆组成挑架。各根挑梁之间的间距不大于_____ m，并用两根型钢纵梁相连，然后在纵梁上搭设扣件式钢管脚手架。

3. 悬挑脚手架连墙件的设置根据建筑物的轴线尺寸，在水平方向应每隔_____跨（不大于6 m）设置一个，在垂直方向应每隔_____步设置一个，宜菱形布置，亦可呈正方形或矩形布置。

4. 悬挑脚手架的垂直控制。搭设时要严格控制分段脚手架的垂直度，垂直度偏差要求第一段不得超过_____，第二段、第三段不得超过_____。脚手架的垂直度要随搭随检查，发现超过允许偏差时应及时纠正。

5. 挑梁式挑脚手架立杆与挑梁（或纵梁）的连接。应在挑梁（或纵梁）上焊_____ mm长钢管，其外径比脚手架立杆内径小1.0～1.5 mm，同时在立杆下部设_____道扫地杆以确保架子的稳定。

二、判断题（下列判断正确的请打"√"，错误的请打"×"）

1. 超高层建筑施工时，脚手架搭设高度超过了架子的容许搭设高度，因此将整个

脚手架按容许搭设高度分成若干段，每段脚手架支承在由建筑结构向外悬挑的结构上。（　　）

2. 高层建筑主体结构四周为裙房，脚手架不能直接支承在地面上，可采用悬挑式脚手架。（　　）

3. 斜撑式外挑脚手架其支承结构为内、外两排立杆上加设斜撑杆，斜撑杆一般采用双钢管，而水平横杆加长后一端与预埋在建筑物结构中的铁环焊牢，这样脚手架的荷载能够通过斜杆和水平横杆传递到建筑物上。（　　）

4. 下撑上拉式外挑脚手架是在脚手架的内、外两排立杆上分别加设斜撑杆（外排斜撑采用双杆），斜撑杆的下端支在建筑结构的梁或楼板上，并且内排立杆的斜撑杆的支点比外排立杆斜撑杆的支点高一层楼。斜撑杆上端用双扣件与脚手架的立杆连接。（　　）

5. 悬挑式外脚手架是利用建筑结构外边缘向外伸出的悬挑结构来支承外脚手架，将脚手架的荷载全部或部分传递给脚手架。（　　）

6. 斜拉挑梁式脚手架是用型钢做梁挑出，端头加钢丝绳或用钢筋花篮螺栓拉杆斜拉组成悬挑支承结构。由于悬出端支承杆件是斜拉索（或拉杆），又简称为斜拉式。（　　）

7. 挑梁式挑脚手架斜拉杆（绳）应装有收紧装置，以使拉杆收紧后能承担荷载。（　　）

三、简答题
1. 悬挑式脚手架有哪几种类型？
2. 简述支撑杆式挑脚手架的搭设顺序。

单元 7

单元测试题答案

一、填空题

1. 25　两　2. 6　3. 3　2～3　4. 1/400　1/200　5. 150～200　1～2

二、判断题

1. √　2. √　3. √　4. √　5. ×　6. √　7. √

三、简答题

答案略。

第**8**单元

附着式升降脚手架

在高层、超高层建筑的施工中，外脚手架是关键的技术决策项目之一。传统的落地式外脚手架已不能满足施工的需要。在这种情况下，附着升降外脚手架（简称爬架）获得了迅速的应用与发展。它的主要特点是搭设一定高度的外脚手架，并将其固定（附着）在建筑物上，脚手架本身带有升降机构和升降动力设备，随着工程的进展，脚手架能够沿建筑物升降。

附着式升降脚手架的材料用量少，造价低廉，使用经济，而且建筑物越高经济效益越好。因此，这类脚手架受到了施工单位的青睐，使用面越来越广，爬架的结构形式也越来越多，在高层建筑施工中发挥着重要的作用。

第一节 附着式升降脚手架的分类和基本要求

培训目标

➜ 掌握附着式升降脚手架的分类
➜ 掌握附着式升降脚手架的基本要求
➜ 掌握附着式升降脚手架的安全装置

单元 8

一、附着式升降脚手架的分类

1. 按爬升的方式分类

按爬升方式可将附着式升降脚手架分为以下三类：

（1）挑梁式爬升脚手架。其主要特征是通过固定在建筑物上的挑梁提升脚手架。

（2）互爬式爬升脚手架。其主要特征是两相邻的单元架互为升降的支承点和操作架，相互交错升降。

（3）导轨式爬升脚手架。其主要特征是脚手架沿固定在建筑物上的导轨升降，而且提升设备也固定在导轨上。

2. 按组架的方式分类

按组架方式可将附着式升降脚手架分为以下三类：

（1）单片式爬升脚手架。其主要特征是爬升脚手架沿建筑物周长由若干片爬升脚手架组成，每片仅有两个提升点，且能独立升降。

（2）多片（或大片）式爬升脚手架。其主要特征是爬升脚手架沿建筑物周长由若干片爬升脚手架组成，每片有两个以上的提升点，每片均能独立升降。

（3）整体式爬升脚手架。其主要特征是爬升脚手架沿建筑物周长封闭搭设，整体升降。

3. 按使用的提升设备分类

按使用的提升设备可将附着式升降脚手架分为以下五种：

（1）液压式爬升脚手架。即提升设备为液压设备。

（2）升板机式爬升脚手架。即提升设备为升板机。

（3）手拉葫芦式爬升脚手架。即提升设备为手拉葫芦（倒链）。

（4）环链电动葫芦式爬升脚手架。即提升设备为环链式电动葫芦。

（5）卷扬机式爬升脚手架。即提升设备为卷扬机。

目前使用最多的是手拉葫芦和环链电动葫芦式爬升脚手架。

二、附着式升降脚手架搭设的基本要求

附着式升降脚手架固定在建筑物上，并随工程的进展，脚手架可沿建筑物升降。因此，附着式升降脚手架的技术关键是脚手架同建筑物的附着固定方式和脚手架的升降方式。具体来讲有以下几点要求：

（1）脚手架应满足结构施工和装修作业的要求，应当便于操作。

（2）脚手架爬升时，新浇混凝土的强度应能满足爬升固定点对它的要求，需严格控制爬升的时间。

（3）脚手架应设置密目安全网，底部应全封闭，与建筑物之间不应留任何缝隙，以防止任何物件掉落下去。

（4）对于分段搭设，分片爬升的脚手架，升降后应在断开处及时封闭。

（5）爬架应具有可靠的防倾覆（包括外倾和内倾）装置和措施，防止脚手架在升降过程中发生倾覆。

（6）爬架应具有安全可靠的防坠落装置和措施。

（7）应有控制脚手架各提升点同步性的措施。当使用电动提升时，应使用控制柜控制单个提升点及整体提升，并应设置过载保护装置。

（8）当进行升降作业时，应设置警戒线，并注意清除升降障碍。

（9）对于超过100 m的超高层建筑，当使用爬架时，应考虑风荷载对脚手架上浮力的影响。

三、附着式升降脚手架的安全装置

为保证架体在升降过程中不发生倾斜、晃动和坠落，附着式升降脚手架必须设置防倾覆和防坠落的安全装置。

1. 防倾覆装置

附着式升降脚手架是用于高空作业的脚手架，风荷载较大。由于施工荷载的变化提升吊点很难保持在架体重心上，因此，用以防止架体在升降和使用过程中发生倾覆的装置，它必须与竖向主框架、附着支承结构或工程结构可靠地连接。

（1）防倾覆装置应符合以下规定

1）防倾覆装置应采用螺栓同竖向主框架或附着支承结构连接。

2）在升降工作状况下，位于同一竖向平面的防倾覆装置均不得少于两处，并且其最上和最下一个防倾覆支承点的最小间距不得小于架体全高的1/3。

3）防倾覆的导向间隙应小于5 mm。

（2）目前常用的防倾覆装置

1）导轨＋导轮。导轮与导轨分别固定在架体与建筑物上，通过导轨对导轮的约束来实现防倾覆的目的。导轨式附着式升降脚手架就是采用这种机构，它由上导轮组和下导轮组组成，上导轮组安装在最上一层结构处，下导轮组安装在架体底部。

2）钢管＋套管。套管式附着式升降脚手架的水平约束就是采用这种机构，这种机构从原理上就具备导向和水平约束作用，但由于附墙支座上下间距较小，约束使用有限，因此对架体的高度有一定的限制。

2. 防坠落装置

架体在升降或使用过程中发生意外坠落时应及时将架体制动在可靠的结构上。

附着式升降脚手架的防坠落装置必须符合以下要求：

（1）防坠装置与提升吊点应分开设置，分别设置在不同的附着支承上，若有一套失效，另一套必须能独立承担全部坠落荷载。

（2）防坠落装置应设置在竖向主框架上，且每一竖向主框架的提升设备处必须设置一个。

（3）防坠落装置在投入使用前必须进行认真的检查和试验，以确保其工作可靠、有效。

（4）防坠落装置必须灵敏、可靠，其制动距离对于整体式附着式升降脚手架不得大于80 mm，对于单片式附着式升降脚手架不得大于150 mm。

单元 **8**

第二节　挑梁式爬升脚手架

培训目标

→ 掌握挑梁式爬升脚手架的基本构造
→ 掌握挑梁式爬升脚手架的升降原理
→ 掌握挑梁式爬升脚手架的性能特点及适用范围
→ 掌握安装操作步骤及使用注意事项

一、挑梁式爬升脚手架的基本构造

挑梁式爬升脚手架是目前应用面较广的一种爬架，其种类也很多，基本构造如图8—1所示，由脚手架、爬升机构和提升系统三部分组成。

1. 脚手架部分

脚手架可以用普通扣件式钢管脚手架或碗扣式钢管脚手架搭设而成，其搭设高度依建筑物标准层的层高而定，一般为3.5～4.5倍楼层高。脚手架为双排，架宽一般为0.8～1.2 m，立杆纵距和横杆步距不宜超过1.8 m。架子最底下一步架称为基础架（或承力桁架），用以将脚手架及作用在脚手架上的荷载传递给承力托盘，基础架仍采用普通钢管扣件同脚手架整体搭设，仅在底步架内增加纵向横杆和纵、横向斜杆，以增强架体的整体刚度。脚手板、剪刀撑、安全网等构件的设置要求同普通外脚手架。

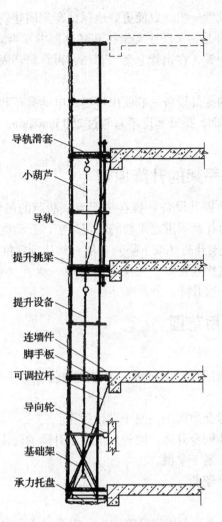

导轨滑套

小葫芦

导轨

提升挑梁

提升设备

连墙件
脚手板
可调拉杆

导向轮

基础架

承力托盘

图 8—1　挑梁式爬升脚手架的基本构造

2. 爬升机构

爬升机构包括承力托盘、提升挑梁、导向轮及防倾覆防坠落安全装置等部件组成。

（1）承力托盘。承力托盘是脚手架的承力构件，其结构形式很多，一般由型钢制作而成，其靠近建筑物一端可以通过穿墙螺栓或预埋件同建筑物外墙边梁、柱子或楼板固定，另一端则用斜拉构件（长度可调的斜拉杆或斜拉钢丝绳）同上层相同的部位固定；其上搭设脚手架，脚手架及作用在脚手架上的荷载通过基础架传递给承力托盘，继而传递给建筑物。

（2）提升挑梁。提升挑梁是爬架升降时，用于安装提升设备的承力构件。提升挑梁由型钢制作，与建筑物的固定位置同承力托盘上下相对，与承力托盘相隔两个楼层，并且利用同一列预留孔或预埋件，与建筑物的固定方式同承力托盘。

（3）导向轮。导向轮是为了防止爬架在升降过程中同建筑物发生碰撞而设计的构件，其一端固定在爬架上，轮子可沿建筑物外墙或柱子上下滚动。导向轮一般在建筑物

单元
8

转角处的两个墙面上各设置一组，以便更好地保证爬架同建筑物的间距。

（4）导向杆。导向杆是为了防止爬架在升降过程中发生倾覆而新设计的一种构件，通常是在架子上固定一钢管，在钢管上套一套环，再将套环固定在建筑物上。

3. 提升系统

挑梁式爬升脚手架的提升设备一般使用环链式电动葫芦和控制柜，电动葫芦的额定提升荷载一般不小于70 kN，提升速度不宜超过250 mm/min。各提升点同控制柜之间用电缆连接起来。

二、挑梁式爬升脚手架的升降原理

将电动葫芦（或其他提升设备）挂在挑梁上，葫芦的吊钩挂在承力托盘上，使各电动葫芦受力，松开承力托盘周围建筑物的固定连接，开动电动葫芦，则爬架即沿建筑物上升（或下降），待爬架升高（或下降）一层，到达预定位置时，将承力托盘同建筑物固定，并将架子同建筑物连接好，则架子即完成一次升（或降）过程。再将挑梁移至下一个位置，准备下一次升降。

三、性能特点及适用范围

1. 性能特点

（1）脚手架沿建筑物四周封闭搭设，这样既增强了脚手架的整体稳定性，又使得作业安全感好。

（2）挑梁和承力托盘受力明确，便于设计计算。

（3）电控柜控制整体同步升降，能较好地控制升降的同步性。

（4）升降原理简单，易于掌握。

（5）构造简捷，造价较低。

2. 适用范围

挑梁式爬升脚手架特别适合用作可整体提升的框架或剪力墙结构的高层、超高层建筑外脚手架。

四、安装操作步骤及使用注意事项

1. 施工前的准备

（1）布架设计。施工前应根据工程的特点进行具体的布架设计，绘制脚手架布架设计图，编制脚手架施工组织设计等，挑梁式爬升脚手架的设计参数可参照以下说明确定：

1）组架高度视施工速度和具体施工需要而定，一般搭设3.5～4.5倍楼层高。

2）组架宽度一般不超过1.2 m。

3）两相邻提升点之间的间距不宜超过8 m。

4）在建筑物拐角处应相应增加提升点。

5）每次升降高度为一个楼层层高。

6）在塔吊及人货两用电梯等需将脚手架断开处，应相应增加脚手架的导向约束。

单元 **8**

（2）施工组织机构。为确保爬架的施工安全，必须成立爬架施工的专业队伍，由专人负责，并经培训和详细的技术交底后持证上岗。

爬架班子建议由以下人员组成：

1）总负责人 1 名，要求是具有中级职称以上的管理人员。

2）技术人员或工长两名，负责具体的组织指挥工作。

3）熟练电工 1 名，负责电控柜的操作。

4）架子工若干，视工程大小而定。

（3）施工准备

1）施工前应按照设计要求加工制作出承力托盘、挑梁、斜拉杆、花篮螺栓、穿墙螺栓（或预埋件）、导向轮、导杆滑套等。

2）准备好钢管、扣件、安全网、脚手板等脚手架材料；准备好电动葫芦、电控柜、电缆线等提升机具。

3）准备好扳手、榔头、钳子等作业工具。

4）在建筑物上按设计位置预埋螺栓或预留穿墙螺栓孔，上下两螺栓孔中心必须在一条垂线上。

电动葫芦必须逐台检验，并在机位上编号。

2. 爬架的组装

挑梁式爬升脚手架在安装阶段即可作为结构施工的外脚手架，即自使用爬架楼层开始，先搭设爬架，再进行结构施工，待爬架搭设至设计高度后，再随结构施工进度逐层提升。

（1）组装顺序。确定爬架的搭设位置→安装或平整操作平台→按照设计图确定提升承力托盘的位置→安装承力托盘→在承力托盘上搭设基础架（承力桁架）→随工程施工进度逐层搭设脚手架→在比承力托盘高两层的位置安装挑梁→按照设计要求安装导杆及导向轮→安装电控柜并布置电缆线→在挑梁上安装电动葫芦并连接电缆线。

（2）组装要求

1）爬架适用于立面无变化的建筑物，因此，对无裙房的建筑物爬架可在地面搭设，对有裙房的建筑则在裙房上搭设，或自建筑立面无变化处开始搭设，搭设前应按脚手架的搭设要求提供一个搭设操作平面。

2）承力托盘应严格按照设计位置设置，里侧应使用螺栓同建筑物固定，外侧用斜拉杆与上层建筑物相同位置固定，通过花篮螺栓将承力托盘调平。在开始组架时，若基础能够承受爬架全高的荷载，则仅需按设计位置将承力托盘放平即可，待提升后再与建筑物固定。

3）在承力托盘上搭设脚手架时，应先安装承力托盘上的立杆，然后搭设基础架。

4）基础架用钢管扣件搭设时，若下层大横杆钢管用对接扣件连接，则必须在连接处绑焊钢筋，两承力托盘中间的基础架应起拱。

5）脚手板、扶手杆、剪刀撑、连墙撑、安全网等构件按照脚手架的搭设要求设置，但最底层脚手板必须用木脚手板或无网眼的钢脚手板密铺，并且同建筑物之

单元

8

间不留缝隙。安全网除在架体外侧满挂外，还应自架体底部兜过来，固定在建筑物上。

6）位于挑梁两侧的脚手架内排立杆之间的横杆，凡是架子在升降时会碰到挑梁或挑梁斜拉杆的，均应采用短横杆，以便升降时随时拆除，升降后再连接好。

3. 爬架的升降

（1）爬升前的检查。爬架升降前应进行全面检查，检查内容主要有：

1）挑梁同建筑物的连接是否牢靠，挑梁斜拉杆是否拉紧。

2）花篮螺栓是否可靠，架子垂直度是否符合要求。

3）扣件是否按规定拧紧。

4）导向轮安装是否合适。

5）导杆同架子的固定是否牢靠。

6）滑套同建筑物的连接是否牢靠。

7）电动葫芦是否已挂好。

8）电动葫芦的链条是否与地面垂直，有无翻链或扭曲现象。

9）电动葫芦同控制柜之间是否连接好，电缆线的长度是否满足升降一层的需要。

10）通电逐台检查电机正反向是否一致，电控柜工作是否正常，控制是否有效等。

以上内容检查合格后方可进行升降操作。

（2）操作步骤。操作步骤如下：

1）先开动电控柜，使电动葫芦张紧承力。

2）清除架子同建筑物之间的障碍。

3）解除架子同建筑物之间的连接件。

4）解除承力托盘及其拉杆同建筑物的连接。

5）操作电控柜，各吊点电动葫芦同时启动，带动架子在导向轮的约束下升降。

6）当位于挑梁处的脚手架横杆要碰到挑梁时，则将该横杆拆除，待通过后再及时连接好。

7）第一次升降高度一般不宜超过 500 mm。

8）而后停机检查，确信一切正常后，再继续升降；一般每升降一层楼高，停 2～3 次。

9）架子升降到位后，立即将承力托盘同建筑物固定，将斜拉杆拉紧，并及时将架子同建筑物拉接固定，至此即完成一次升降。

在升降过程中，应随时注意观察各提升电动葫芦是否同步，若有差异立即停机，然后对有差异的部位及时点动调整，待调整后再继续升降。

确信架体同建筑物连接牢靠后，松动并摘下葫芦，将挑梁拆除并移至上一层（上升时）或下一层（下降时），同建筑物固定好；再将电动葫芦挂好，等待下一次升降。

4. 爬架的拆除

挑梁式爬升脚手架的拆除同普通外脚手架一样，采用自上而下的顺序逐层拆除，最后拆除基础架和承力托盘。

单元

8

第三节 互爬式爬升脚手架

→ 了解互爬式爬升脚手架的基本结构
→ 了解互爬式爬升脚手架的升降原理
→ 掌握互爬式爬升脚手架的性能特点及适用范围
→ 掌握安装操作步骤及使用注意事项

一、互爬式爬升脚手架的基本结构

互爬式爬升脚手架的基本结构形式如图 8—2 所示，它由单元脚手架、附墙支撑机构和提升装置组成。

单元
8

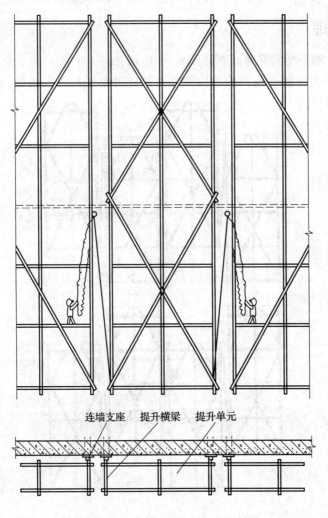

连墙支座　提升横梁　提升单元

图 8—2　互爬式爬升脚手架基本结构

1. 单元脚手架

单元脚手架即脚手架提升单元，可由钢管扣件式脚手架或碗扣式脚手架搭设而成，搭设高度不小于 2.5 倍楼层高，架宽一般不大于 1.2 m，架长不大于 5 m。在架体上部设有用于固定提升设备的横梁。

有些单元脚手架上设有导杆，导杆的设置方式有两种：一种是架子通过固定在建筑物上的滑套导向，另一种是通过相邻的架子互为导向。

2. 附墙支撑机构

附墙支撑机构是将单元脚手架固定在建筑物上的装置，它有多种方式：可通过穿墙螺栓或预埋件固定；也可通过斜拉杆或斜拉钢丝绳，斜拉钢索和水平支撑将单元脚手架吊在建筑物上；还可在架子底部设置斜撑杆支撑单元脚手架等。

3. 提升装置

提升设备一般使用手拉葫芦，其额定提升荷载不小于 20 kN，手拉葫芦的吊钩挂在与被提升单元相邻架体的横梁上，挂钩则挂在被提升单元底部。

二、升降原理

互爬式爬升脚手架的升降原理如图 8—3 所示。每一个单元脚手架单独提升，当提升某一单元时，先将提升葫芦的吊钩挂在与被提升单元相邻的两架体上，提升葫芦的

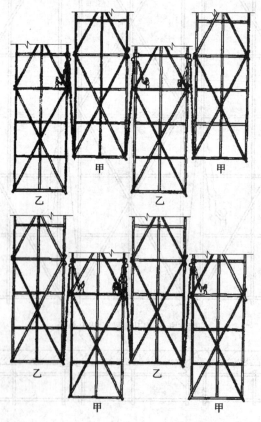

图 8—3　互爬式爬升脚手架升降原理

挂钩则钩住被提升单元底部，解除被提升单元约束，操作人员站在两相邻的架体上进行升降操作；当该升降单元升降到位后，将其与建筑物固定好，再将提升葫芦挂在该单元横梁上，进行与之相邻的脚手架单元的升降操作。

相隔的单元脚手架可同时进行升降操作。

三、性能特点及适用范围

1. 性能特点

（1）结构简单，易于操作控制。

（2）架子搭设高度低，用料省。

（3）操作人员不在被升降的架体上，增加了操作人员的安全性。

（4）一次升降幅度不受限制。

（5）对升降同步性的要求不高。

（6）只能组装单片升降脚手架。

2. 适用范围

互爬式爬升脚手架适用于框架或剪力墙结构的高层建筑。

四、安装操作步骤及使用注意事项

1. 施工前的准备

（1）布架设计。施工前应根据工程特点和施工需要进行布架设计，绘制设计图，编制施工组织设计，编写施工安全操作规定。

爬架的设计可参考以下设计参数：

1）组架高度为 2.5~4 倍楼层高，组架宽度不宜超过 1.2 m。

2）单元脚手架长度不宜超过 5 m。

3）两单元脚手架之间的间隙不宜超过 500 mm。

4）每次升降高度为 1~2 倍楼层高。

（2）组织机构。施工前应成立爬架班子，固定作业人员，并由专人负责，施工前对操作人员进行技术培训和技术交底。

每个升降单元所需操作人员 5 名，其中 1 人指挥，2 人拉葫芦，2 人负责架子升降过程中的安全及架子到位后的固定。

（3）施工前的准备。施工前首先应将爬升脚手架所需要的脚手架材料和施工机具准备好，并按照设计位置预留穿墙螺栓孔或设置好预埋件。

2. 爬架的组装

互爬式爬升脚手架的组装可有两种方式：一种是在地面组装好单元脚手架，再用塔吊吊装就位；另一种是在设计爬升位置搭设操作平台，在平台上逐层安装。

脚手架的组装顺序及要求同常规落地式脚手架。

爬架组装固定后的允许偏差不宜超过下列规定数值：

（1）架子垂直度：沿架子纵向 30 mm；沿架子横向 20 mm。

（2）架子水平度：30 mm。

单元

8

3. 爬架的升降

（1）爬架升降前应全面检查，检查的主要内容：下一个预留连接点的位置是否符合要求，预埋件是否牢靠；架体上的横梁设置是否牢固；所升降单元的导向装置是否可靠；所升降单元与周围的约束是否解除，升降有无障碍；架子上是否有杂物；所使用的提升设备是否符合要求等。当确认都符合要求时方可进行升降操作。

（2）升降操作应统一指挥，首先将葫芦吊钩挂在被升降单元两侧相邻的架体横梁上，将葫芦挂钩挂在被升降单元脚手架的底部，张紧葫芦，拆除被升降单元同周围的约束，拉动葫芦，架子即被升降，到位后及时将架子同建筑物固定；然后用同样的方法对与之相邻的单元脚手架进行升降操作，待两相邻的单元脚手架升降至预定位置后，将两单元脚手架连接起来，并在两单元操作层之间铺设脚手板。

4. 爬架的拆除

爬架拆除前应清理脚手架上的杂物，拆除有两种方式：

（1）与常规脚手架的拆除方式一样，采用自上而下的顺序逐步拆除。

（2）用起吊设备吊至地面拆除。

第四节　导轨式爬升脚手架

单元 8

→ 掌握导轨式爬升脚手架的基本结构
→ 掌握导轨式爬升脚手架的升降原理
→ 掌握导轨式爬升脚手架的性能特点及适用范围
→ 掌握安装操作步骤及使用注意事项

一、导轨式爬升脚手架的基本结构

导轨式爬升脚手架的基本结构如图8—4所示，它由脚手架、爬升机构和提升系统三部分组成。

1. 脚手架

脚手架用碗扣式脚手架标准杆件搭设而成，其搭设方法及要求与碗扣式外脚手架的常规搭设基本相同。

脚手架最底一步架横杆步距为一个碗扣节间距即600 mm，也可用钢管扣件增设纵向水平横杆，脚手架最底层设置纵向水平剪刀撑，以增强脚手架的承载能力；在脚手架外侧可用钢管扣件设置竖向剪刀撑；在爬升机构所对应的横向框架内设置廊道斜杆。

最底层脚手板使用木板或钢脚手板，保证石子、混凝土渣等杂物不致漏下去，脚手板应铺至建筑物，且不留间隙。

安全网应自脚手架底部兜过来固定在建筑物上。

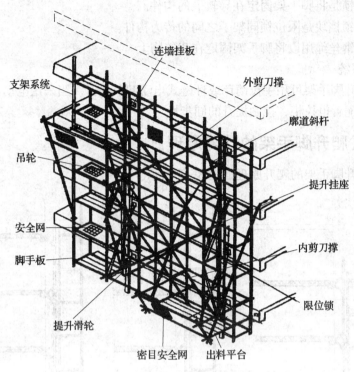

图8—4　导轨式爬升脚手架基本结构

2. 爬升机构

导轨式爬升脚手架有一套独特的爬升机构，包括导轨、导轮组、提升滑轮组、提升挂座、连墙支杆、连墙支杆座、连墙挂板、限位锁、限位锁挡块及斜拉钢丝绳等定型构件。

（1）导轨是导向承力构件，其上每隔100 mm冲有一孔并标有数字，沿建筑物竖向布置，通过连墙支杆座，连墙支杆和连墙挂板同建筑物固定拉结；每根导轨长度一定（标准导轨长度为3.0 m、2.8 m、1.2 m、0.9 m等几种不同规格，也可采用标准层层高），导轨可竖向接长。

（2）导轮组是导向构件，其一端同脚手架固定，另一端套在导轨上，可沿导轨上下滑动。

提升滑轮组是提升承力构件，也是安全防坠落构件，其上搭设脚手架，并通过防坠落装置同导轨连接，而且可沿导轨上下滑动，当提升钢丝绳失去作用时，防坠落装置会自动锁紧导轨，产生制动，从而防止爬架坠落。

（3）提升挂座也是提升承力构件，它固定在导轨上，其上固定提升设备。

（4）连墙支杆是用以固定导轨的构件，通过调整其长度来调整脚手架同建筑物之间的间距。

（5）连墙支杆座是导轨和连墙支杆之间的连接构件。

（6）连墙挂板是用以固定连墙支杆和斜拉钢丝绳的构件，通过穿墙螺栓或预埋螺栓固定在建筑物上。

单元

8

（7）限位锁是将脚手架固定在导轨上的构件。

（8）限位锁挡块是限位锁同架子之间的传力构件。

（9）斜拉钢丝绳用以将脚手架固定在建筑物上。

3. 提升系统

导轨式爬升脚手架可用手拉葫芦或环链式电动葫芦提升。当采用电动葫芦作为提升设备时，还应配置电控柜，控制提升的同步性。

二、导轨式爬升脚手架的升降原理

导轨式爬升脚手架的爬升原理如图8—5所示。

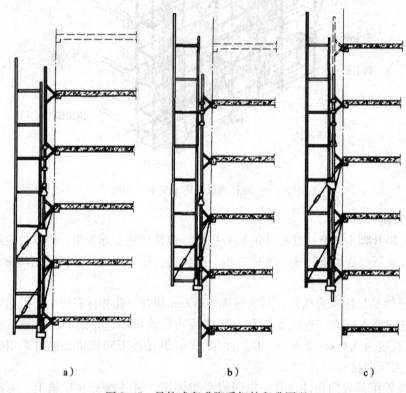

a)　　　　　　　b)　　　　　　　c)

图8—5　导轨式爬升脚手架的爬升原理

导轨沿建筑物竖向布置，其长度比脚手架高一层，架子上部和下部均装有导轮，提升挂座固定在导轨上，其一侧挂提升葫芦，另一侧固定钢丝绳，钢丝绳绕过提升滑轮组同提升葫芦的挂钩连接；启动提升葫芦，架子沿导轨上升，提升到位后固定；将底部空出的那根导轨及连墙挂板拆除，装到顶部，将提升挂座移到上部，准备下次提升。下降则反向操作。

三、导轨式爬升脚手架的性能特点及适用范围

1. 性能特点

（1）导轨式爬升脚手架可分为单片式、大片式或整体升降式。

单元 **8**

（2）架子通过导轮沿牢固的导轨滑动，升降平稳，不会发生倾覆问题。

（3）导轨上标有数字，可以直观地发现并控制架子升降过程中的不同步性。

（4）设有防坠落装置，使用安全可靠。

（5）导轨通过长度可调的连墙支杆固定，与固定点的距离可以调整，对于有大阳台挑板及建筑物立面有变化的复杂结构也能有效解决这类问题。

（6）由于使用了碗扣式脚手架，因而特别适用于曲面外脚手架。

（7）可用电动控制整体升降（升降速度为 100 mm/min，即导轨上一个孔位），也可用电动葫芦或手拉倒链分单片或大片升降。

（8）由于使用提升滑轮组（相当于动滑轮），提升设备的额定提升荷载可减小一半。

2. 适用范围

导轨式爬升脚手架适用于框架或剪力墙结构的超高层、高层建筑，特别是一些结构复杂的建筑。

四、安装操作步骤及使用注意事项

1. 施工前的准备

（1）布架设计。布架设计的内容主要包括：平面设计，需要绘制平面布置图，确定脚手架的立杆位置和横杆规格，确定爬升机构的位置；立面设计，需要绘制立面布置图，确定架子的搭设高度，确定导轨的长度和根数，确定导轨的起始位置，确定上部导轮和下部导轮的位置，确定提升挂座的位置。

导轨式爬升脚手架的设计可参考以下参数：

1）架子搭设高度为 3.5~4.5 倍标准楼层高。

2）架子宽度一般不大于 1.25 m，立杆纵距不大于 1.85 m，横杆步距 1.8 m。

3）爬升机构水平间距宜控制在 7.4 m 以内。

4）在建筑物拐角处连续搭设架子时，爬升机构可适当加密。

5）提升葫芦的额定提升荷载为 50 kN。

6）当提升挂座两侧各挂一个提升葫芦时，架子高度可取 3.5 倍楼层高，导轨选用 4 倍楼层高，上下导轮之间的净距应大于一个楼层高加 2.5 m；当提升挂座一侧挂提升葫芦另一侧挂钢丝绳时，架子高度取 4.5 倍楼层高，导轨取 5 倍楼层高，上下导轮之间的净距应大于两倍楼层高加 1.8 m。

7）架子允许三层同时作业，每层作业荷载 20 kN/m^2。

8）每次升降高度为一个楼层高。

（2）组织机构。导轨式爬升脚手架的施工应用是技术性比较强的工作，要求由专业化队伍或经培训的人员进行施工，组织要健全，建议组织机构人员配备见表 8—1。

（3）施工准备。施工前应根据设计准备好爬架所用的材料构件，并准备好作业工具如榔头、扳手、钳子、线锤、水平尺、卷尺、对讲机、哨子，以及用电动提升时所用的电工工具。

单元
8

表8—1 人员配备

职务	职称	人数	职责范围
总指挥	工程师	1	负责审定整体施工组织方案、安装操作方案，负责同工地其他部门的总协调、安装、操作、安全检查总指挥
主管工程师	工程师	1	负责现场安装、操作，安全检查，操作人员的培训，现场人员的调度
机械工程师	工程师	1	负责支架的搭设，爬升机构的安装调整、维修、保养等方面的技术问题
电气工程师	工程师	1	负责控制电路的连接、布置，电动葫芦的保养，总控升降、单点升降调整的指挥
安全员	技师	1	负责安全检查，现场安全警戒
架子工	持证	8~15	从事外架搭设作业三年以上，负责支架搭设，爬升机构的安装、调整，升降中观察同步性及运动中监视各部件的工作状况
电工	持证	2	协助电气工程师布线、连线及调试
辅助工		按需	根据现场需要要临时增减，可以从事升降中监视、预埋件设置等工作

2. 爬架的组装

导轨式爬升脚手架对于组装的要求较高，必须严格按照设计要求进行组装。组装的顺序及要求如下：

（1）导轨式爬升脚手架的组装要求在搭设的操作平台上进行，平台面应低于楼层面 300~400 mm，在空中搭设平台时，平台应有安全防护。

（2）爬架的安装质量关键在第一步架，必须认真对待。

首先，选择安装起始点，一般以爬升机构位置不易调整的地方作为架子的安装起点。

按照设计位置放好提升滑轮组件，使提升滑轮组正对建筑物，确定与提升滑轮组相邻的立杆位置并与提升滑轮组连接，以此为起点向一侧或两侧顺序搭设底部架，底部架有 2~3 层横杆，如图8—6所示。底部架搭设完成以后，对架子进行调整，要求横杆的水平度偏差小于 $L/400$，立杆的垂直度偏差小于 $H/500$，架子纵向的直线度（直线搭设的脚手架）偏差小于 $L/200$，调整好以后，将碗扣接头锁紧。

单元
8

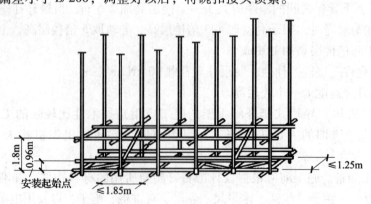

图8—6 底部架子的搭设

（3）从底部架基础随着工程进度要求搭设上部脚手架。上部脚手架的搭设同碗扣式脚手架。在爬升机构所在脚手架横向框架内设置廊道斜杆，在脚手架内排立杆两爬升机构之间设置一层剪刀撑，如图8—7所示，在脚手架外侧沿全高设置剪刀撑。脚手板、扶手杆、安全网等构件按照脚手架的搭设要求设置，但最底层脚手板必须用木脚手板或无网眼的钢脚手板密铺，与建筑物之间不留缝隙。安全网除在架体外侧满挂外，还应自架体底部兜过来，固定在建筑物上。

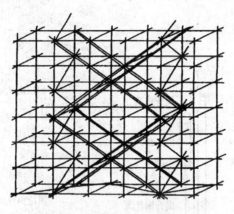

图8—7 框架内横向斜杆设置

（4）当架子搭设两层楼高时即可开始安装导轨，导轨与架体的连接如图8—8所示。先根据设计位置安装导轮，再将第一根导轨插入导轮和提升滑轮组件的导轮中间，导轨底部低于支架1.5 m左右，注意使每根导轨上相同的数字处于同一水平面上。

单元 **8**

在建筑物上安装连墙挂板，连墙支杆，连墙支杆座；将连墙支杆座同导轨连接，如图8—9所示，两连墙支杆之间的夹角宜控制在45°~150°，导轨应垂直。

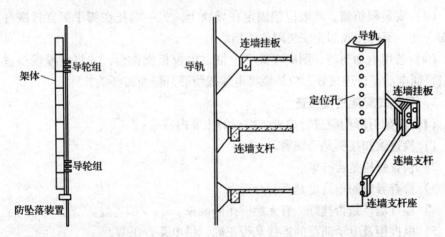

图8—8 导轨与架体的连接　　　　图8—9 导轨与结构的连接

以第一根导轨为基准，依次向上安装，导轨的垂直度应控制在H/400以内。

（5）在上部导轮下面的导轨上安装提升挂座。

（6）将提升葫芦挂在提升挂座上，若用两个葫芦则每侧挂一个，挂钩挂在绕过提升滑轮组的钢丝绳上；若用一个提升葫芦，则另一侧挂钢丝绳，钢丝绳绕过提升滑轮组以后挂在提升葫芦挂钩上，如图8—10所示。

（7）安装斜拉钢丝绳。钢丝绳下端固定在脚手架立杆下碗扣底部，上端通过花篮螺栓挂在连墙挂板上，挂好后将钢丝绳拉紧，如图8—11所示。

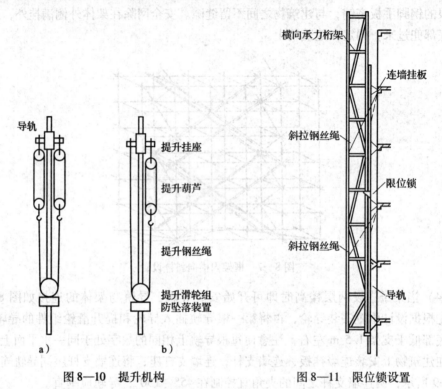

图8—10　提升机构　　　　　　　　图8—11　限位锁设置

（8）安装限位锁。将限位锁固定在导轨上，另一端托在脚手架立杆横杆层下碗扣底部（注：下碗扣底部先安装限位锁挡块）。

（9）若用电动葫芦，则应在架子上搭设电控柜操作台，并将电缆线布置到每个提升点，同电动葫芦连接好，应注意将电缆线留够升降所需要的长度。

3. 导轨式爬架搭设检查

（1）爬架升降前应进行检查，检查的主要内容有：

1）检查碗扣接头是否锁紧。

2）检查螺栓是否拧紧。

3）检查导轨的垂直度是否符合要求。

4）检查葫芦是否挂好，有无翻链扭曲现象。

5）电控柜及电动葫芦的连线是否正确，供电是否正常。

6）障碍物是否清除，约束是否解除。

7）人员是否到位等。

（2）检查合格后方可进行升降作业。

1）以同一水平位置的导轮为基准，记下该导轮所对应的导轨上的孔位和数字，确定第一次爬升距离（一般不大于 500 mm），启动葫芦，则架子沿导轨均匀平稳地上升，升至预定位置后暂停，检查无误则继续上升，直至升至所需高度。

2）此时，将斜拉钢丝绳挂在上一层连墙挂板上，将限位锁锁住导轨和立杆，使限位锁和斜拉钢丝绳同时受力。

3）松动并摘下葫芦，将提升挂座移至上部位置，将葫芦挂好；将下部已滑出的导轨拆除，装到顶部，等待下次提升。

导轨式爬升脚手架的下降原理与提升相同，操作相反，即先将提升挂座挂在下部导轮的上面，架子降到位以后，将上部导轨拆除，然后装到底部。

在升降过程中应注意观察各提升点的同步性，当高差超过一个孔位（即 100 mm）时，应停机调整。

4. 爬架的拆除

导轨式爬升脚手架的拆除与普通碗扣式外脚手架相同，当架子降至底面时，逐层拆除脚手架构件和导轨等爬升机构构件，拆下的材料构件集中堆放，清理保养后入库。

第五节　附着式升降脚手架的安全技术要求

培训目标

➡ 附着式升降脚手架的安装规定
➡ 附着式升降脚手架组装完毕的检查规定
➡ 附着式升降脚手架的升降操作要求
➡ 附着式升降脚手架的使用要求
➡ 附着式升降脚手架的安全要求

单元
8

一、附着式升降脚手架的安装规定和检查规定

1. 附着式升降脚手架的安装规定

附着式升降脚手架的安装应符合以下规定：

（1）水平支承桁架与竖向主框架在两相邻附着支承结构处的高差应不大于 20 mm。

（2）竖向主框架和防倾导向装置的垂直偏差应不大于 5‰和 60 mm。

（3）预留穿墙螺栓孔和预埋件应垂直工程结构外表面，其中误差应小于 15 mm。

（4）在首层组装前应设置安装平台，安装平台应有保障施工人员安全的防护措施，安装平台的水平精度和承载能力应满足架体安装的要求。

2. 附着式升降脚手架组装完毕的检查规定

附着式升降脚手架组装完毕后必须进行以下检查：

（1）工程结构混凝土强度应达到附着支承对其附加荷载的要求。

（2）全部附着支承点符合安装的设计规定，严禁少装附着固定螺栓和使用不合格的螺栓。

（3）各项安全保险装置应全部检验合格。

（4）电源、电缆及控制柜等的设置应符合用电的有关安全规定。

（5）同时使用的升降设备，同步与荷载控制系统及防坠落装置应采用同一厂家、同一规格型号的产品。

（6）附着式升降脚手架的施工区域应有防雷措施。

（7）附着式升降脚手架的施工区域应有必要的消防及照明设施。

（8）各岗位施工人员已落实。

（9）各种安全防护设施齐备，并符合设计要求。

（10）架体构架普通脚手架搭设的质量符合规范要求。

（11）动力设备、控制设备、防坠落装置等应有防雨、防砸、防尘等措施。

二、附着式升降脚手架的升降操作要求、使用要求和安全要求

1. 附着式升降脚手架的升降操作要求

（1）5级（含5级）以上大风、大雨、大雪、浓雾天气、夜间禁止进行升降作业。

（2）视线不好不升降。

（3）没进行升降前的检查不升降。

1）所有妨碍架体升降的障碍物必须拆除。

2）所有升降作业要求解除的约束必须解徐。

（4）分工责任不明确时不升降。

（5）未进行安全技术交底不升降。

（6）在升降作业时应设警戒线，任何人员不得在警戒线内走动。现场要派专业技术人员负责监护。

（7）施工现场较大时，应配置足够多的对讲机，加强通信联系。

（8）附着式升降脚手架升降时严禁操作人员停留在架体上，特殊情况确实需要有人在架体上作业的，必须采取有效安全防护措施，并由建筑安全监督机构审查后方可实施。

（9）各提升机升降作业人员应基本固定，电控作业人员由专业电工担任。

（10）严格按规定控制各提升点的同步性，相邻提升点的高差不得大于20 mm，整体架最大升降差不得大于80 mm。

（11）升降过程中应实行统一指挥，升、降指令只能由一人下达，但当有异常情况出现时，任何人均可立即发出停止指令。

（12）采用环链葫芦作为升降动力的，应精密监视其运行情况，及时发现，解决可能出现的翻链、打绞和其他影响正常运行的故障。

（13）附着式升降脚手架升降到位后，必须及时按使用状况要求进行附着固定，在没有完成架体固定工作前，施工人员不得擅自离岗或下班，未办验收交付使用手续的，不得投入使用。

2. 附着式升降脚手架的使用要求

（1）主体施工时允许有两个操作层同时施工，每层最大允许施工荷载 3 kN/m²；装饰时允许有三个操作层同时施工，每层最大允许施工荷载 2 kN/m²；升降时，每层最大允许荷载为 0.5 kN/m²。

（2）当使用物料平台时，必须采取卸载措施。物料平台上只能放置一吊材料或通过计算确定重量。

（3）附着式升降脚手架严禁超载，严禁放置影响局部杆件安全的集中荷载，并应及时清理架体、设备及其他构配件上的建筑垃圾和杂物。

（4）附着式升降脚手架只能作为操作架，不得作为外墙模板支撑架。

（5）禁止下列违章作业：利用架体吊运重物；在架体上推车；在架体上拉结吊装缆绳；任意拆除架体部件和穿墙螺栓；起吊物料碰撞或扯动架体。

（6）使用中每月进行一次全面安检，不合格部位应立即整改。

（7）停用超过一个月或遇 6 级以上大风后复工时，检查紧固件拧紧状况，防护措施和完好状态，各承力件松紧等情况。

（8）升降动力设备，防倾覆、防坠落、电控装置，螺栓连接件每月保养一次。

（9）拆卸按施工组织设计及安全操作规程要求进行，拆卸前对施工人员进行安全技术交底，并有可靠的防止人员、物料坠落的措施，严禁抛扔物料。

3. 附着式升降脚手架的安全要求

（1）架体外侧必须用密目安全网（不小于 800 目/100 cm²）围挡，也可用 2 000 目/100 cm² 的进行围挡。密目安全网必须可靠地固定在架体上，用 20 mm×20 mm、ϕ1.2 mm 钢板网自下而上搭接，满铺于密目安全网内。

（2）架体底层应严密地铺设脚手板及升降时底层脚手板可折起的翻板，用平网或密目安全网兜底。钢板网内用厚 18 mm、宽 180 mm 的木板铺设挡脚板。

（3）在每一作业层，架体外侧必须设置上、下两道防护栏杆（上杆高 12 m，下杆高 0.6 m）和挡脚板（高度 180 mm）。

（4）当提升一个整体架体高度时，对架体所有点位进行一次全面检查，提升机构和提升系统每次提升前检查一次，如有部件损伤应立即更换。

单元
8

单元测试题

一、填空题（请将正确的答案填写在横线空白处）

1. 挑梁式爬升脚手架是目前应用面较广的一种爬架，种类很多，基本构造由_____三部分组成。

2. 挑梁式爬升脚手架可以用普通扣件式钢管脚手架或碗扣式钢管脚手架搭设而成，其搭设高度依建筑物标准层的层高而定，一般为_____倍楼层高。

3. 挑梁式爬升脚手架为双排式，架宽一般为_____m，立杆纵距和横杆步距不宜超过 1.8 m。

4. 互爬式爬升脚手架爬架组装固定后的允许偏差不宜超过：架子垂直度，沿架子纵向_____mm，沿架子横向_____mm；架子水平度_____mm。

5. 导轨式爬升脚手架由脚手架、爬升机构和_____三部分组成。

二、判断题（下列判断正确的请打"√"，错误的请打"×"）

1. 对于超过 100 m 的超高层建筑，当使用爬架时，应考虑风荷载对脚手架上浮力的影响。（　　）

2. 挑梁式爬升脚手架脚手板、剪刀撑、安全网等构件的设置要求与普通外脚手架不一样。（　　）

3. 挑梁式爬升脚手架的提升设备一般使用环链式电动葫芦和控制柜，电动葫芦的额定提升荷载一般不小于 70 kN，提升速度不宜超过 500 mm/min。各提升点与控制柜之间用电缆连接起来。（　　）

4. 挑梁式爬升脚手架特别适合用作可整体提升的框架或剪力墙结构的高层、超高层建筑外脚手架。（　　）

5. 互爬式爬升脚手架适用于框架或剪力墙结构的高层建筑。（　　）

6. 导轨式爬升脚手架适用于框架或剪力墙结构的超高层、高层建筑，特别是一些结构复杂的建筑。（　　）

三、多项选择题（下列每题的选项中，至少有两个是正确的，请将其正确代号填在横线空白处）

1. 附着式升降脚手架按爬升方式可分为_____。

A. 套管式爬升脚手架　　　　　　　B. 挑梁式爬升脚手架

C. 互爬式爬升脚手架　　　　　　　D. 导轨式爬升脚手架

2. 附着式升降脚手架按组架方式可分为_____。

A. 单片式爬升脚手架　　　　　　　B. 多片（或大片）式爬升脚手架

C. 整体式爬升脚手架　　　　　　　D. 综合式爬升脚手架

3. 挑梁式爬升脚手架爬升机构包括_____等部件组成。

A. 承力托盘　　　　　　　　　　　B. 提升挑梁

C. 导向轮　　　　　　　　　　　　D. 防倾覆防坠落安全装置

4. 爬架的设计参数包括_____。

A. 组架高度 2.5~4 倍楼层高，组架宽度不宜超过 1.2 m

B. 单元脚手架长度不宜超过 5 m

C. 两单元脚手架之间的间隙不宜超过 500 mm

D. 每次升降高度 1~2 倍楼层高

四、简答题

1. 附着式升降脚手架按使用的提升设备可分为哪五种？

2. 附着式升降脚手架应当具有哪些基本要求？

3. 附着式升降脚手架常用的防倾覆装置有哪几种？

4. 附着式升降脚手架的防坠落装置必须符合哪些要求？

5. 简述套管式爬升脚手架的组装顺序。

6. 附着式升降脚手架爬架升降前应当进行哪些检查？

7. 挑梁式爬升脚手架有哪些性能特点？

8. 挑梁式爬升脚手架的设计参数如何确定？

9. 简述挑梁式爬升脚手架的组装顺序。

10. 挑梁式爬升脚手架爬架升降前应当进行哪些检查？

11. 互爬式爬升脚手架爬架升降前应全面检查，检查的主要内容有哪些？

12. 导轨式爬升脚手架有哪些性能特点？

13. 导轨式爬升脚手架爬架升降前应进行哪些检查？

14. 附着式爬升脚手架的升降操作有何要求？

15. 附着式升降脚手架的使用有哪些要求？

16. 附着式升降脚手架有哪些安全使用要求？

单元测试题答案

一、填空题

1. 脚手架、爬升机构和提升系统　　2. 3.5～4.5　　3. 0.8～1.2　　4. 30　20　30

5. 提升系统

二、判断题

1. √　　2. ×　　3 ×　　4. √　　5. √　　6. √

三、多项选择题

1. ABCD　　2. ABC　　3. ABCD　　4. ABCD

四、简答题

答案略。

单元
8

第9单元

模板支架

　　模板支架是用于建筑物的现浇混凝土模板支撑的负荷架子，它承受模板、钢筋、新浇捣的混凝土和施工作业时的人员、工具等的重量，其作用是保证模板面板的形状和位置不改变。

　　模板支架通常采用脚手架的杆（构）配件搭设。

第一节　扣件式钢管模板支架

→ 掌握扣件式钢管模板支架的施工准备
→ 掌握扣件式钢管模板支架的搭设

　　扣件式钢管模板支架采用扣件式钢管脚手架的杆、配件搭设。

一、扣件式钢管模板支架的施工准备

1. 支架搭设的准备工作

　　场地清理平整、定位放线、底座安放等均与脚手架搭设时相同。

2. 立杆布置

　　扣件式钢管模板支架立杆间距一般应通过计算确定，通常取 1.2 ~ 1.5 m，不得大于 1.8 m。对于较复杂的工程，必须根据建筑结构的主梁、次梁、板的布置，模板的配板设计、装拆方式，纵、横楞的安排等情况，画出支架立杆的布置图。

二、扣件式钢管模板支架的搭设

1. 立杆的接长

　　扣件式模板支架的高度可根据建筑物的层高而定。立杆的接口，可采用对接或搭接连接。

　　（1）支架立杆采用对接扣件连接时，在立杆的顶端安插一个顶托，被支撑的模板荷载通过顶托直接作用在立杆上。立杆对接连接如图9—1所示。

　　特点：荷载偏心小，受力性能好，能充分发挥钢管的承载力。通过调节可调底座或可调顶托，可在一定范围内调整立杆总高度，但调节幅度不大。

　　（2）采用回转扣件（搭接长度不得小于600 mm）搭接连接，如图9—2所示。模板上的荷载作用在支架顶层的横楞上，再通过扣件传到立杆。

　　特点：荷载偏心大，且靠扣件传递，受力性能差，钢管的承载力得不到充分发挥。但调整立杆的总高度比较容易。

2. 水平拉结杆的设置

　　为加强扣件式模板支架的整体稳定性，在支架立杆之间纵、横两个方向均必须设置扫地杆和水平拉结杆。各水平拉结杆的间距（步高）一般不大于1.6 m。

单元 **9**

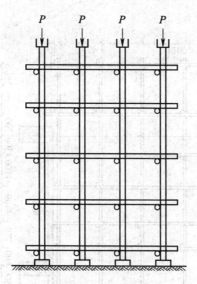

图9—1　立杆对接连接

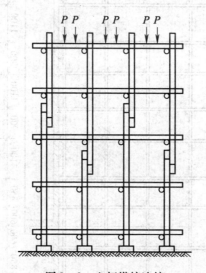

图9—2　立杆搭接连接

图9—3所示为扣件式满堂支架中水平拉结杆布置的另一实例——密肋楼盖模板支架。

图9—4所示为一扣件式满堂支架水平拉结杆布置的实例——梁板结构模板支架。

3. 斜杆设置

为保证支架的整体稳定性，在设置纵、横向水平拉结杆的同时，还必须设置斜杆，具体搭设时可采用刚性斜撑或柔性斜撑。

（1）刚性斜撑。刚性斜撑以钢管为斜撑，用扣件将它们与支撑架中的立杆和水平杆连接，如图9—5所示。

（2）柔性斜撑。柔性斜撑采用钢筋、铅丝、铁链等材料，必须交叉布置，并且每根拉杆中均要设置花篮螺丝，如图9—6所示，以保证拉杆不松弛。

单元

9

单元
9

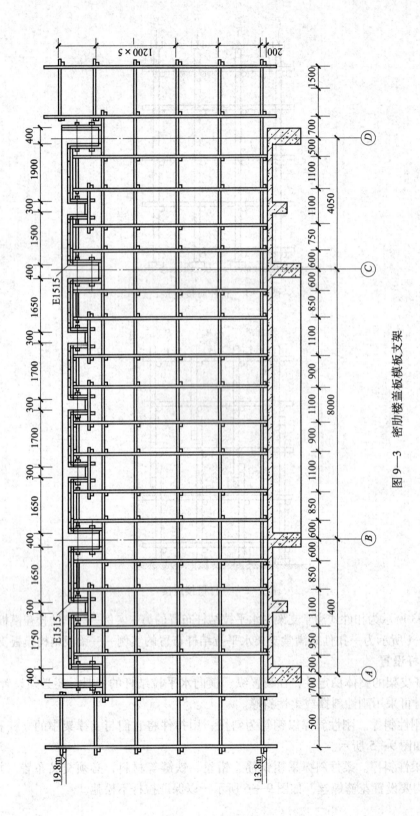

图 9—3 密肋楼盖模板支架

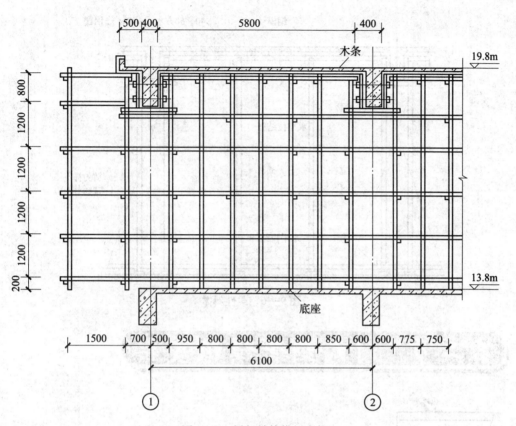

图 9—4　梁板结构模板支架

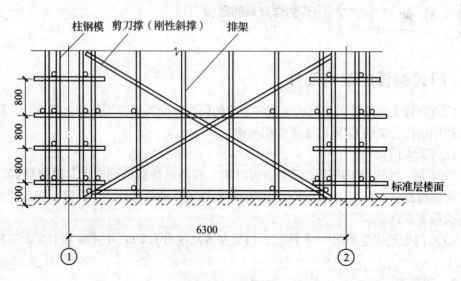

图 9—5　刚性斜撑

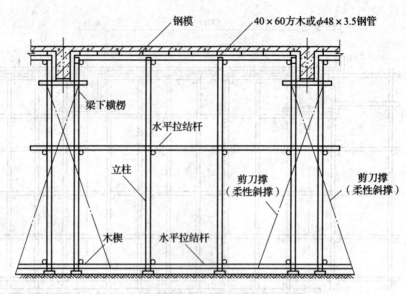

图9—6　柔性斜撑

第二节　门式钢管模板支架

→ 门式钢管支架构配件

→ 门式钢管支架的搭设

一、门式钢管支架构配件

门式钢管支架除可采用门式钢管脚手架的门架，交叉支撑等配件来搭设外，但也有专门适用搭设支架的 CZM 门架等专用配件。

1. CZM 门架

CZM 是一种适用于搭设模板支架的门架，其特点是横梁刚度大，稳定性好，能承受较大的荷载，而且荷载的作用点也不必限制在主杆的顶点处，即横梁上任意位置均可作为荷载支承点。

CZM 门架的构造如图9—7所示，门架基本高度有 1.2 m、1.4 m 和 1.8 m 三种；宽度为 1.2 m。

2. 调节架

调节架高度有 0.9 m 和 0.6 m 两种，宽度为 1.2 m，用来与门架搭配，以配装不同高度的支架。

3. 连接棒、销钉、销臂

上、下门架、调节架的竖向连接采用连接棒，如图9—8a所示，连接棒两端均钻有孔洞，插入上、下两门架的立杆内，并在外侧安装销臂（见图9—8c），再用自锁销钉（见图9—8b）穿过销臂、立杆和连接棒的销孔，将上下立杆直接连接起来。

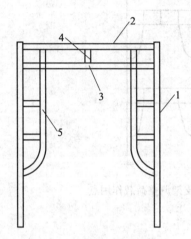

图9—7 CZM门架构造

1—门架立杆 2—上横杆 3—下横杆 4—腹杆
5—加强杆（1.2 m高门架没有加强杆）

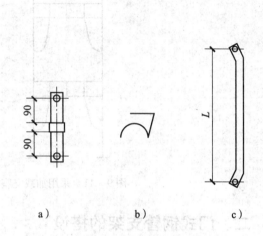

a) b) c)

图9—8 连接配件

a) 连接棒 b) 销钉 c) 销臂

4. 加载支座、三角支承架

当托梁的间距不是门架的宽度（1.2 m），且荷载作用点的间距大于或小于1.2 m时，可用加载支座或三角支架来进行调整，可以调整的间距范围为0.5~1.8 m。

（1）加载底座。加载支座的构造如图9—9所示，使用时将底杆用扣件将底杆与门架的上横杆扣牢，小立杆的顶端加托座即可使用。

（2）三角支架。三角支架的构造如图9—10所示，宽度有150 mm、300 mm、400 mm等几种，使用时将插件插入门架立杆顶端，并用扣件将底杆与立杆扣牢，然后在小立杆顶端设置顶托即可使用。

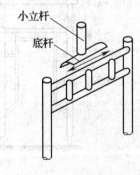

图9—9 加载支座

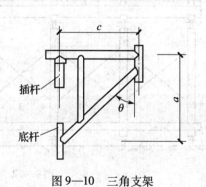

图9—10 三角支架

单元
9

图9—11 所示为采用加载支座和三角支架调整荷载作用点（托梁）的示意图。

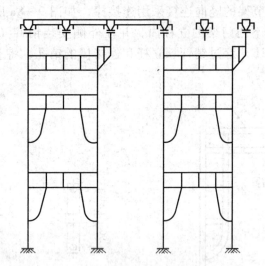

图9—11　采用加载支座、三角支架调整荷载作用点

二、门式钢管支架的搭设

采用门式钢管脚手架的门架、配件等搭设模板支架，根据楼（屋）盖的形式及施工工艺（如梁板是同时浇筑还是先后浇筑）等因素采用不同的布置形式。

1. 肋形楼（屋）盖模板支架（门架垂直于梁轴线布置）

肋形楼（屋）盖结构中梁、板为整体现浇混凝土施工时，门式支架的门架可采用平行于梁轴线或垂直于梁轴线两种布置方式。

（1）梁底模板支架。门架立杆上的顶托支撑着托梁，小楞搁置在托梁上，梁底模板搁在小楞上。

若门架高度不够时，可加调节架加高支架的高度，如图9—12所示。

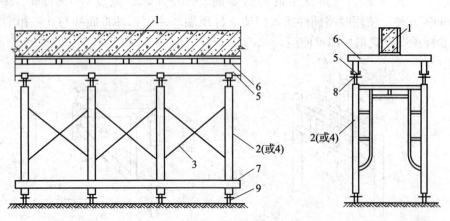

图9—12　梁底模板支架

1—钢筋混凝土梁　2—门架　3—交叉支撑　4—调节架　5—托梁　6—小楞　7—扫地杆

8—可调托座　9—可调底座

（2）梁、楼板底模板同时支架。当梁高不大于 350 mm（可调顶托的最大高度）时，在门架立杆顶端设置可调顶托来支撑楼板底模，而梁底模可直接搁在门架的横梁上，如图 9—13 所示。

当梁高大于 350 mm 时，可将调节架倒置，将梁底模板支撑在调节架的横杆上，而立杆上端放上可顶托来支撑楼板模板，如图 9—14a 所示。

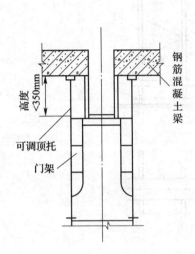
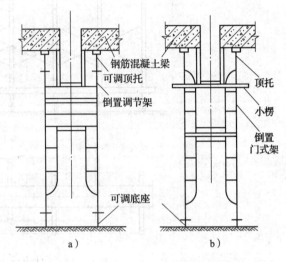

图 9—13　梁、楼板底模板同时支架　　　图 9—14　梁、楼板底模板支架形式

将门架倒置，用门架的立杆支撑楼板底模，再在门架的立杆上固定一些小楞（小横杆）来支撑梁底模板，如图 9—14b 所示。

（3）门架间距选定。门架的间距应根据荷载的大小确定，同时也需要考虑交叉拉杆的规格尺寸，一般常用的间距有 1.2 m、1.5 m、1.8 m。

当荷载较大，或者模板支撑高度较高时，上述 1.2 m 的间距还嫌太大时可采用左右错开布置形式，如图 9—15 所示。

2. 肋形楼（屋）盖模板支架（门架平行于梁轴线布置）

（1）梁底模板支架。托梁由门架立杆托着，而它又支撑着小楞，小楞支撑着梁底模板，如图 9—16 所示。

梁两侧的每对门架通过横向设置的交叉拉杆加固，它们的间距可根据所选定的交叉拉杆的长短确定。

纵向相邻两组门架之间的距离应考虑荷载因素经计算确定，但一般不超过门架宽度。

（2）梁、楼板底模板支架。上面倒置的门架的主杆支撑楼板底模，而在门架立杆上固定小楞，用它来支撑梁底模板，如图 9—17 所示。

3. 平面楼（屋）盖模板支架

平面楼屋盖的模板支架，采用满堂支架形式，图 9—18 所示为支架中门架布置的一种情况。

单元

9

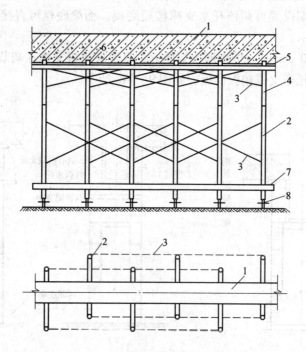

图9—15　门架左右错开布置
1—钢筋混凝土梁　2—门架　3—交叉支撑　4—调节架　2、5—托架　6—小楞
7—扫地杆　8—可调节底座

单元 9

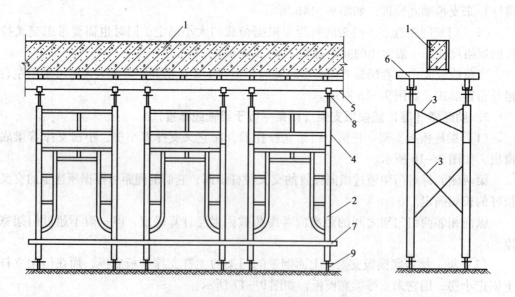

图9—16　模板支架的布置形式
1—钢筋混凝土梁　2—门架　3—交叉支撑　4—调节架　5—托梁　6—小楞　7—扫地杆
8—可调托座　9—可调底座

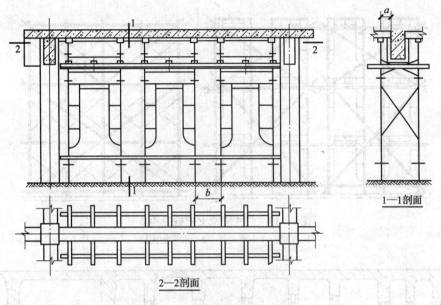

图 9—17　梁、楼板底模板支架形式

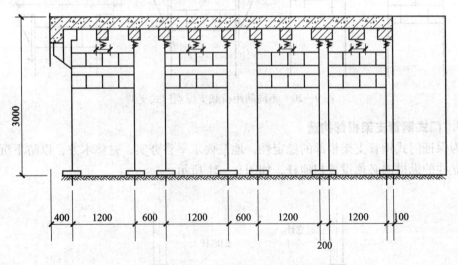

图 9—18　平面楼屋盖模板支架

　　为使满堂支架形成一个稳定的整体，避免发生摇晃。支架的每层门架均应设置纵、横两个方向的水平拉结杆，并在门架平面内布置一定数量的剪刀撑。在垂直门架平面的方向上，两门架之间设置交叉支撑，如图 9—19 所示。

　　4. 密肋楼（屋）盖模板支架

　　在密肋楼屋盖中，梁的布置间距多样，由于门式钢管支架的荷载支撑点设置比较方便，其优势就更为显著。

　　几种不同间距荷载支撑点的门式支架布置形式如图 9—20 所示。

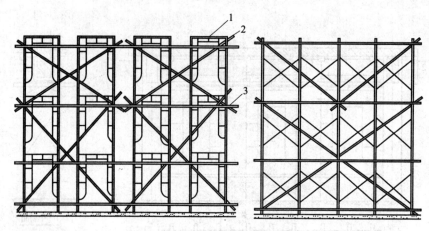

图9—19　门式满堂支架搭设构造
1—门架　2—剪刀撑　3—水平加固杆

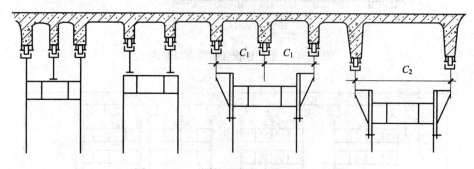

图9—20　不同间距荷载支撑点门式支架

5. 门式钢管支架根部构造

为保证门式钢管支架根部的稳定性，地基要求平整夯实，衬垫木方，以防下沉，在门架立柱的纵横向必须设置扫地杆，如图9—21所示。

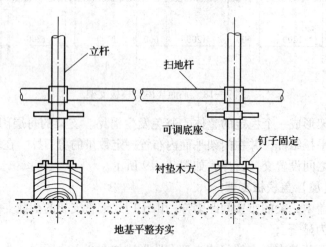

图9—21　门式钢管支架根部构造

第三节　碗扣式钢管模板支架

→ 掌握碗扣式钢管模板支架构造
→ 能够搭设碗扣式钢管模板支架

　　碗扣式钢管支架是采用碗扣式钢管脚手架系列构件搭设的支架，目前广泛应用于现浇钢筋混凝土墙、柱、梁、楼板、桥梁、地道桥和地下人行道等工程。

　　在高层建筑现浇混凝土结构施工中，如果把碗扣式钢管支架与快速拆模系统配合使用，则可使模板和支架的周转速度比其他支架快，材料占用量能减少一半，经济效益十分明显。

一、碗扣式钢管支架的构造

1. 一般碗扣式支架

碗扣式钢管支架一般搭成如图9—22所示的形式。

支架中框架单元的基本尺寸有五种组合：

类型	基本尺寸（框长×框宽×框高）（m）
A型	$1.8 \times 1.8 \times 1.8$
B型	$1.2 \times 1.2 \times 1.8$
C型	$1.2 \times 1.2 \times 1.2$
D型	$0.9 \times 0.9 \times 1.2$
E型	$0.9 \times 0.9 \times 0.6$

支架中框架单元的框高应根据荷载等因素进行选择。

2. 带横托座支架

带横托座（或可调横托座）支架，其中横托座既可作为墙体的侧向模板支撑，又可作为支架的横（侧）向限位支撑，如图9—23所示。

3. 底部扩大支撑架

对于荷载较大的支架，可扩大底部架子，其构造如图9—24所示，用斜杆将上部支架的荷载部分传递到扩大部分的立杆上。

4. 高架支架

当支架高宽（按窄边计）比超过5时，应采取高架支架，如图9—25所示。否则需要按规定设置缆风绳紧固。

5. 支撑柱支架

当施工荷载较重时，应采用碗扣式钢管支撑柱组成的支架，如图9—26所示。

単元
9

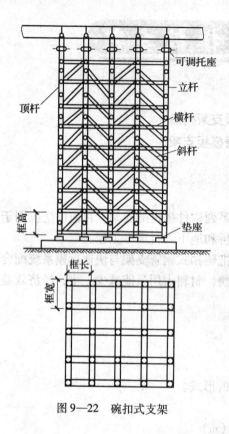

图 9—22　碗扣式支架

单元
9

图 9—23　带横托座支架

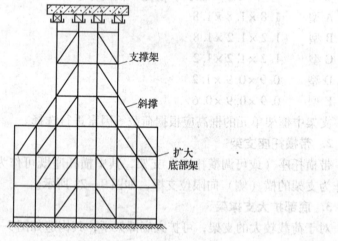

图 9—24　底部扩大支架

二、碗扣式钢管支架的搭设

1. 施工准备

（1）根据施工要求，选定支架的形式及尺寸，画出组装图。支架在各种荷载作用下每根立杆可支撑的面积见表9—1。

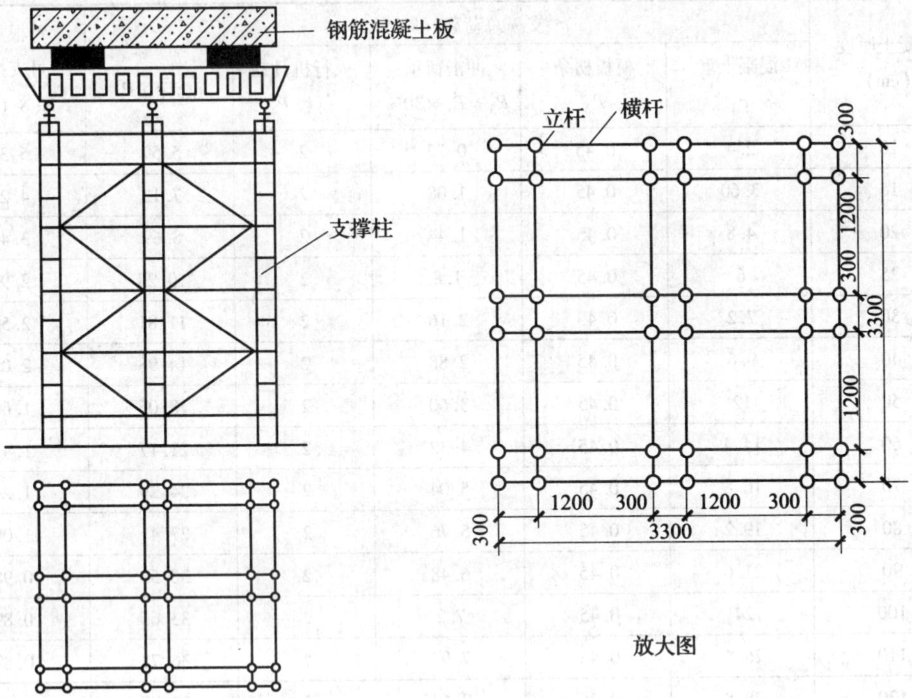

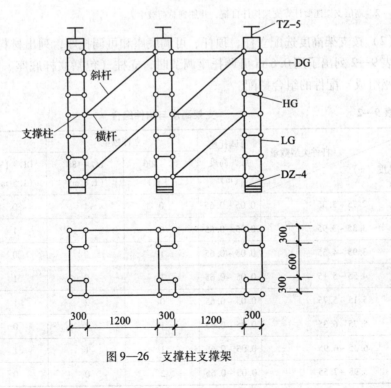

钢筋混凝土板

立杆　横杆

支撑柱

放大图

图9—25　高架支架构造

TZ-5

斜杆

DG

HG

支撑柱　横杆

LG

DZ-4

图9—26　支撑柱支撑架

混凝土厚度（cm）	支撑总荷载（kN/m²）					每根立杆可支撑面积 S（m²）
	混凝土重 P_1	模板楞条 P_2	冲击荷重 $P_3 = P_1 \times 30\%$	人行机具动荷载 P_4	总计 ΣP	
10	2.4	0.45	0.72	2	5.57	5.39
15	3.60	0.45	1.08	2	7.13	4.21
20	4.8	0.45	1.44	2	8.69	3.45
25	6	0.45	1.8	2	10.25	2.93
30	7.2	0.45	2.16	2	11.81	2.54
40	9.6	0.45	2.88	2	14.93	2.01
50	12	0.45	3.60	2	18.05	1.66
60	14.4	0.45	4.32	2	21.17	1.42
70	16.8	0.45	5.04	2	24.29	1.24
80	19.2	0.45	5.76	2	27.41	1.09
90	21.6	0.45	6.48	2	30.53	0.98
100	24	0.45	7.2	2	33.65	0.89
110	26.4	0.45	7.92	2	36.77	0.82
120	28.8	0.45	8.64	2	39.89	0.75

注：1. 立杆承载力按每根30 kN计，混凝土重度按24 kN/m³计。

2. 高层支架还要计算支架构件自重，并加到总荷载中去。

（2）按支架高度选配立杆、顶杆、可调底座和可调托座，列出材料明细表。

表9—2列出了用0.6 m可调托座调节时，立柱（包括立杆底座、立杆、顶杆和可调托座组成）配件的组合搭配。

表9—2   支架高度与构件组合

支撑高度（m） / 杆件类型数量	可调托座可调高度（m）	立杆数量		顶杆数量	
		IG－300（3 m）	LG－180（1.8 m）	DG－150（1.5 m）	DG－90（0.9 m）
2.75～3.35	0.05～0.65	0	1	0	1
3.35～3.95	0.05～0.65	0	1	1	0
3.95～4.55	0.05～0.65	1	0	0	1
4.55～5.15	0.05～0.65	1	0	1	0
5.15～5.75	0.05～0.65	0	2	1	0
5.75～6.35	0.05～0.65	1	1	0	1
6.35～6.95	0.05～0.65	1	1	1	0
6.95～7.55	0.05～0.65	2	0	0	1

单元 9

杆件类型数量 支撑高度（m）	可调托座 可调高度 （m）	立杆数量		顶杆数量	
		IG－300 （3 m）	LG－180 （1.8 m）	DG－150 （1.5 m）	DG－90 （0.9 m）
7.55～8.15	0.05～0.65	2	0	1	0
8.15～8.75	0.05～0.65	1	2	1	0
8.75～9.35	0.05～0.65	2	1	0	1
9.35～9.95	0.05～0.65	2	1	1	0
9.95～10.55	0.05～0.65	3	0	0	1
10.55～11.15	0.05～0.65	3	0	1	0
11.15～11.75	0.05～0.65	2	2	1	0
11.75～12.35	0.05～0.65	3	1	0	1
12.35～12.95	0.05～0.65	3	1	1	0
12.95～13.55	0.05～0.65	4	0	0	1
13.55～14.15	0.05～0.65	4	0	1	0
14.15～14.75	0.05～0.65	3	2	1	0
14.75～15.35	0.05～0.65	4	1	0	1
15.35～15.95	0.05～0.65	4	1	1	0
15.95～16.55	0.05～0.65	5	0	0	1
16.55～17.15	0.05～0.65	5	0	1	0
17.15～17.75	0.05～0.65	4	2	1	0
17.75～18.35	0.05～0.65	5	1	0	1

单 元

9

（3）支架地基处理要求以及放线定位、底座安放的方法均与碗扣式钢管脚手架搭设的要求及方法相同。

除架立在混凝土等坚硬基础上的支架底座可用立杆底座外，其余均应设置立杆可调底座。

在搭设与使用过程中应随时注意基础沉降，对悬空的立杆，必须调整底座，使各杆件受力均匀。

2. 支架搭设

（1）树立杆。立杆安装同脚手架。第一步立杆的长度应一致，这样支架的各立杆接头在同一水平面上，顶杆仅在顶端使用，以便能插入底座。

（2）安放横杆和斜杆。横杆、斜杆安装同脚手架。在支架四周外侧设置斜杆，如图9—22所示。斜杆可在框架单元的对角节点布置，也可以错节设置。

（3）安装横托座。横托座一端由碗扣接头同支座架连接，另一端插上可调托座，安装支撑横梁，如图9—27所示。横托座应设置在横杆层，并且两侧对称布置。

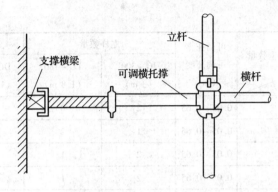

图9—27　横托座设置构造

（4）支撑柱搭设。支撑柱构造如图9—28所示，其基本框架单元为0.3 m×0.3 m×0.6 m，柱长度可根据施工要求确定。支撑柱下端装入支柱垫座或可调座，上墙装入支柱可调座，如图9—28a所示，支撑柱的支撑方向如果要求不垂直，需要倾斜时，下端可采用支撑柱转角座，其可调角度为±10°，如图9—28b所示。

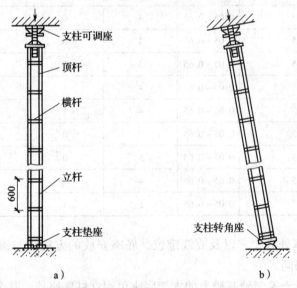

图9—28　支撑柱构造

支撑柱也可以预先拼装，现场可整体吊装以提高搭设速度。

3. 检查验收

支架搭设到3~5层时，应检查每个立杆（柱）底座下是否浮动或松动，否则应旋紧可调底座或用薄铁片填实。

第四节　模板支架的拆除

模板支架必须在混凝土结构达到规定的强度后才能拆除。

各类现浇构件拆模时的强度必须达到的要求见表9—3。

表9—3   **现浇结构拆模时所需混凝土强度**

项次	结构类型	结构跨度（m）	按达到设计混凝土强度标准值的百分率计（%）
1	板	≤2	35
		>2、≤3	75
2	梁、拱、壳	≤8	75
		>8	100
3	拱壳	≤8	75
		>8	100
4	悬臂构件	≤2	75
		>2	100

支架的拆除要求与相应脚手架的拆除要求相同。

支架的拆除除应遵守相应脚手架拆除的有关规定外，还应根据支架的特点注意以下事项：

（1）支架拆除前，应由单位工程负责人对支架做全面检查，确定可拆除时才可拆除。

（2）拆除支架前应先松动可调螺栓，拆下模板并运出后才可拆除支架。

（3）支架拆除应从顶层开始逐层往下拆，先拆可调托撑、斜杆、横杆，后拆立杆。

（4）拆下的构配件应分类捆绑、吊放到地面，严禁从高空抛掷到地面。

（5）拆下的构配件应及时检查、维修、保养。变形的应调整，油漆剥落的要除锈后重刷漆；对底座、调节杆、螺栓螺纹、螺孔等应清理污泥后涂黄油防锈。

（6）门架宜倒立或平放，平放时应相互对齐，剪刀撑、水平撑、栏杆等应绑扎成捆堆放。其他小配件应装入木箱内保管。

构配件应储存在干燥通风的库房内。如果露天堆放，场地必须选择地面平坦、排水良好，堆放时下面要铺地板，堆垛上要加盖防雨布。

单元 9

单元测试题

一、填空题（请将正确的答案填写在横线空白处）

1. 为加强扣件式支架的整体稳定性，在支架立杆之间纵、横两个方向均必须设置_____。各水平拉结杆的间距（步高）一般不大于1.6 m。

2. 为保证支架的整体稳定性，在设置纵、横向水平拉结杆的同时，还必须设置_____，具体搭设时可采用刚性斜撑或柔性斜撑。

3. CZM门架基本高度有三种：_____；宽度为1.2 m。

4. 门架的间距应根据荷载的大小确定，同时也需要考虑交叉拉杆的规格尺寸，一般常用的间距有_____。

5. 支架拆除前应由单位工程_____对支架做全面检查，确定可拆除时才可拆除。

6. 拆除支架前应先松动_____，拆下模板并运出后才可拆除支架。

二、判断题（下列判断正确的请打"√"，错误的请打"×"）

1. 扣件式钢管模板支架采用扣件式钢管脚手架的杆、配件搭设。（   ）

2. 扣件式钢管模板支架立杆间距一般应通过计算确定。通常取 1.2～1.5 m，不得大于 1.8 m。（   ）

3. 扣件式支架的高度可根据建筑物的层高而定。立杆的接口可采用对接或搭接连接。（   ）

4. 采用门式钢管脚手架的门架、配件等搭设模板支架，根据楼（屋）盖的形式及施工工艺等因素，将采用不同的布置形式。（   ）

5. 支架拆除应从底层开始逐层往下拆，先拆可调托撑、斜杆、横杆，后拆立杆。（   ）

6. 拆下的构配件应分类捆绑、吊放到地面，可从高空抛掷到地面。（   ）

三、简答题

1. 对模板支架有哪些要求？

2. 结合工地实践，试述搭设模板支架的操作体会。

3. 试述模板支架拆除的注意事项。

单元测试题答案

单元
9

一、填空题

1. 扫地杆和水平拉结杆　2. 斜杆　3. 1.2 m、1.4 m 和 1.8 m　4. 1.2 m、1.5 m、1.8 m　5. 负责人　6. 可调螺栓

二、判断题

1. √　2. √　3. √　4. √　5. ×　6. ×

三、简答题

答案略。

第

10

单元

桥式脚手架

桥式脚手架由桥架和支承架（立柱）组合而成。凡落地搭设支承架（立柱）用以支承（搁置或挂置）桥架者统称为桥式脚手架。它主要用作6层及6层以下民用建筑外装修施工脚手架，在结构施工阶段也可支挂安全网作为外防护架。其跨度不得大于16 m，使用荷载不超过9.8 kN（包括人、工具、材料的重量），按均布荷载考虑，不得集中。

第一节　桥式脚手架的构造

培训目标
→ 了解桥架
→ 掌握支承架（立柱）

一、桥架

桥架又叫桁架式工作平台。一般由两个单片桁架用水平横杆和剪刀撑（或小桁架）连接组装并在上面铺设脚手板而成。

桥架长度在8 m以内的为短桥架；超过8 m的为长桥架，其长度可达16 m。

1. 短桥架

短桥架长度有3.6 m、4.5 m、6 m和8 m等几种，宽度一般为1.0～1.4 m，最窄的为0.6 m，可以拼合使用。

（1）桥架构造。桥架构造如图10—1所示。桥架上嵌铺30 mm厚的定型拼制木脚手板。桁架搁置部分长度为200 mm，加焊短角钢使之成为方形予以加强，并便于支搁。桁架端部焊以 ϕ16 mm钢筋吊环，作为升降时吊挂之用，同时要焊设防滑挡板或留设销孔，便于插入防滑销子。在桥架的外侧桁架上还应焊以承插管，以便装插栏杆。

（2）6 m桥架重量及主要材料用量。每个桥架重303 kg。钢材用量为153.4 kg，木材0.25 m³。其中单片桁架重50.4 kg。

桥架也可根据具体条件采用钢管或钢筋制造。

桥架允许荷载量为2.65 kN/m²。

2. 长桥架

图10—2所示为长16 m桥架的构造图，桥架的断面尺寸为800 mm×650 mm，上下弦用∟50×5角钢，斜腹杆用∟30×3角钢，竖腹杆用 ϕ16 mm圆钢。桥架通常做成3.9 m长一节的桥段（以便于运输），在架设现场拼装而成。桥段之间的连接有两种方式，如图10—3所示。

（1）端面用12根 ϕ12 mm螺栓法兰对接，下弦处用∟50×5角钢连接板和6根 ϕ12 mm螺栓连接。

（2）端头用螺栓法兰对接，下弦底部用两根 ϕ22 mm螺栓同时销接。

单元 **10**

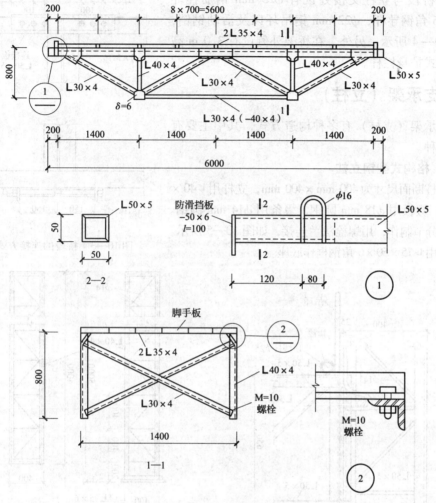

图 10—1　型钢桁架构成的 6 m 长桥架

单元
10

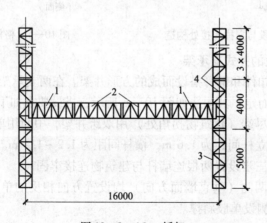

图 10—2　16 m 桥架

1—端横桥　2—标准横桥　3—首节立柱　4—标准立柱

端桥段与立柱交接处设有 ϕ25 mm 钢筋挂环 L 50×5 角钢导杆、ϕ22 mm 钢吊环以及活动钢销，如图 10—4 所示。另外，在桥架外侧设有 3.0 m 高的装配式护身栏杆。

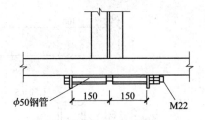

二、支承架（立柱）

支承架（立柱）有多种构造方式，其中主要有以下 3 种。

1. 格构式型钢立柱

立柱断面尺寸为 400 mm×400 mm，立杆用 L 40×4 角钢，缀板用 ϕ18 mm 圆钢，缀条用 ϕ14 mm 圆钢。立柱亦分节制作，用螺栓法兰连接，如图 10—5 所示。首节柱用 L 75×50×6 角钢框作底座。

图 10—3　桥段的连接方式

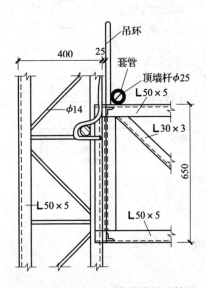

图 10—4　端桥段与立柱连接处构造

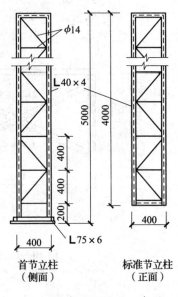

图 10—5　格构式型钢立柱

2. 扣件钢管搭设的井式支承架

这种支承架是由扣件和钢管搭设而成的方形井架。在两支承架中间搁置桥架，支承架的间距视桥架长度而定，其构造如图 10—6 所示，搭设要点如下。

（1）在脚手架的尽端（建筑物拐角处）用双跨井架，中间用单跨井架。

（2）支承井架的立杆间距为 1.6 m，横杆间距为 1.2～1.4 m。

（3）支承架每隔三步设置两根连墙杆与建筑物连接牢固。

（4）每个支承架两侧（垂直墙面方向）均设置方向相反的单肢斜撑，纵向每隔四个桥架在支承架的外侧设单肢斜撑。

（5）支承架间每隔四步内外各设一道拉杆，并在搁置桥架的横杆下边增设一道拉杆，这个拉杆可以随着桥架的提升往上拆移。

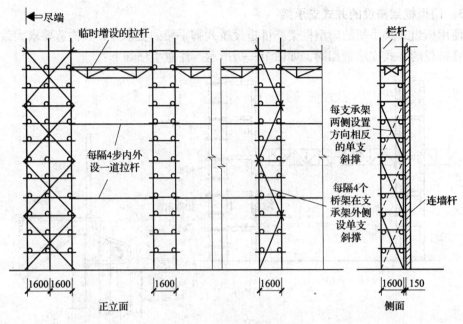

图 10—6　扣件式钢管支承架

（6）支承架与上料井架连接搭设时，此支承架的立杆纵向间距应与上料井架相同。其他关于用料规格、杆件搭设和扣件安装的要求与扣件式钢管脚手架相同。

这种支承架一般配合 6 m 型钢桥架搭设，材料用量见表 10—1。

表 10—1　　　　扣件式钢管桥式脚手架材料参考用量（1 000 m² 墙面）

名称	单位	墙高 20 m	墙高 10 m	备注
1. 钢管				φ48×3.5
立杆	m	574	736	
纵向水平杆	m	624	413	
横向水平杆	m	1 026	1 146	
剪刀撑、横向斜撑	m	375	386	
小计	m	2 599	2 681	
钢管重量	t	9. 98	10. 3	
2. 扣件				
直角扣件	个	1 136	1 072	每个重 1.25 kg
回转扣件	个	140	168	每个重 1.5 kg
对接扣件	个	96	64	每个重 1.6 kg
底座	个	32	64	每个重 2.14 kg
小计	个	1 404	1 368	
扣件重量	t	1. 85	1. 83	
3. 桥架	t	0. 92	1. 84	6 m 型钢桥架每个用钢量 153.4 kg
4. 钢材用量	t	12. 75	13. 97	

单元
10

3. 门型框架搭设的井式支承架

使用框组式脚手架的门型框架亦可搭设桥式脚手架的支承架，其构造要求大致与扣件钢管搭设的井式支承架相同，如图10—7所示。注意事项如下：

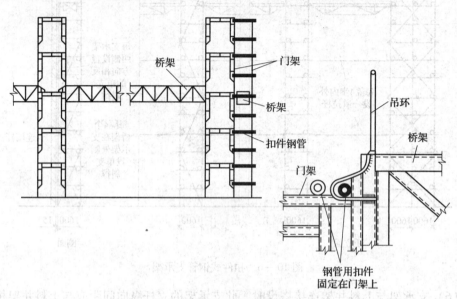

图10—7　门型框架搭设的井式支承架

（1）靠端头的支承架应采用"∟"形方案，以确保在偏心荷载作用下的稳定。

（2）沿高度方向每相隔一步加设一对水平加固杆（用2 m长脚手钢管）。

（3）加密扣墙点。沿水平方向设两点（拉着两边的门架），沿垂直方向每相隔一步设一点。

（4）在内外两面均加设长剪刀撑。

单元 **10**

第二节　桥式脚手架的安装、升降和使用

➜ 掌握桥式脚手架的安装要求
➜ 掌握桥架的升降方法和使用注意事项

一、拼装式桥式脚手架的安装要求

（1）在确定使用桥式脚手架时，应首先编制施工方案，对立柱位置、桥架长度、端角和凹凸部分的处理以及与结构的拉结等都要有明确的规定。装桥架前要按施工方案

规定，放线定出桥架和建筑物距离。立柱按平面图尺寸定位，其偏移应不大于 1 cm。

（2）立柱不能立在松软的土层上，地面应平整夯实并高出附近地面以防积水下沉。各立柱位置的地面标高应一致，高低差不大于 2 cm。柱底应用混凝土垫块或不小于 5 cm厚的木板垫平。

（3）安装首层立柱时，控制两个方向的垂直偏差不大于 4 mm，并用木方和双股铅丝加以固定。在组装完毕后，总的垂直偏差不大于柱高的 1/650。

（4）立柱可采用塔式起重机安装或人工分节安装。如采用绞磨或卷扬机整体安装时，必须对起吊绳索、就位缆绳、滑轮、锚固部位进行认真检查后方可开始吊立。立好的立柱或刚接好的柱段应随即与结构拉结（根据结构情况使用定型连接板和拉杆）。桥面以上只允许有一节未与结构拉结的立柱，桥面以下则不允许。对接法兰一般不垫铁，必要时可将垫片加大，防止应力集中造成局部变形。

角柱偏心受压，容易失稳。除每层与结构拉结外，两角柱之间也要拉结牢固。

（5）桥身的拼接应在柱间就地进行。组装时应同时将铺板、护身栏和挡脚板一次装好。桥面上应满铺 2.5 cm 厚定型脚手板，龙骨应放在桥架节点上，并使脚手板、龙骨和桥架连成一体。安全网立杆间要用钢管绑成顺水杆，并连接牢固。安全网则从桥面下包过来。桥台平台与外墙或阳台间隙必须小于 15 cm，以防人员坠落。两桥交接处要用脚手板填铺缝隙，并把护身栏接通。

（6）桥架搁置在柱子上时，钢销一定要搁在立柱的水平杆之上，不允许搁在立柱的斜杆或其他位置上。立柱水平杆只允许受剪，不允许受弯。钢销应贴着立柱角钢的里皮，探出长度不少于 15 cm，并临时用钢丝绑扎固定，以防止钢销滑动。

（7）全部立柱和桥架的螺栓均应逐个拧紧，不允许任意漏装和以小代大。安装前螺栓应涂油防锈。连接螺栓孔位置不准的，不允许用电气焊扩孔。

二、桥架的升降方法和使用注意事项

1. 桥架升降方法

桥架不宜使用塔式起重机提升，应采用手动工具提升或卷扬提升。

（1）手动工具提升。图 10—8 所示为采用倒链、手扳葫芦、手摇提升器或滑轮等进行桥架的升降，采用这种方法时要注意：

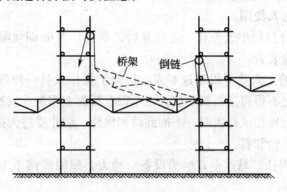

图 10—8　用手动工具提升桥架示意图

1）升降时的吊挂点要有足够高度，一般应有2~3步架高。

2）桥架在升降过程中要保持一端高，一端低，待低的一端搁置好后，再将高的一端放下搁在支承架的横杆上。如在桥架端部设置活动铰接端头，提升时将活动端头放下，使桥架长度减短，则可使桥架水平提升而无须倾斜，待提到所需高度时将活动端头拉起，使桥架搁置在横杆上，如图10—9所示。

3）两端用倒链同步提升时，要互相协调一致。倒链的吊点应放在立柱中心位置上。升降桥架的操作人员要佩戴安全带，安全带应挂在立柱上，保险绳每上升50 cm时倒一次。倒链的吊钩应装有安全卡具，防止桥梁在升降时脱钩。使用其他手动提升工具时也应设置相应的安全保险装置。

4）利用手摇提升器和滑轮升降时要有安全制动措施。

（2）采用提升机或卷扬机。采用附设在支承架立杆上的附着式提升机或微型卷扬机进行升降，这种提升机的构造和性能参见垂直运输架部分。

采用塔吊或轮胎吊上料的工程，桥架的升降可用吊车进行。

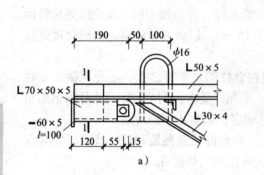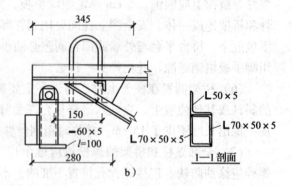

图10—9　桥架端部的活动铰接端头

a）铰接端头拉起时　b）铰接端头放下时

2. 桥架使用注意事项

（1）在使用前应由施工队技术队长、安全员、架子工等有关人员对桥架各部分（包括倒链、钢丝绳、安全绳、联结卡具、脚手板）与墙体的连接等进行全面检查验收，不合格者不能上人使用。

（2）桥架在升降过程中或停在一定位置后，要用0.5 in钢丝绳将桥架端部与立杆横杆兜住，作为保险装置。

（3）每跨桥架的上人数不得超过6人。桥架上操作人员一律戴安全帽，不得坐在防护栏杆上。栏杆上不得再支搭脚手板，也不得在桥面上用灰斗或其他物品垫起后铺板进行操作。在桥架上操作或行走时，不准蹦跳和快跑，防止受过大振动。同时不准用起重机械直接向操作平台卸料。

（4）桥架上不得任意悬挂垂直运输设备。动力、照明线路不准直接接触架子，以防漏电触电。

（5）操作人员不得攀登立柱上下，一律从楼层窗洞设置的木梯登上桥架。

单元测试题

一、填空题（请将正确的答案填在横线空白处）

1. 扣件钢管搭设的井式支承架每个支承架两侧（垂直墙面方向）均设置方向相反的单肢斜撑，纵向每隔四个桥架在支承架的外侧设_____。

2. 扣件钢管搭设的井式支承架间每隔_____各设一道拉杆，并在搁置桥架的横杆下边增设一道拉杆，这个拉杆可以随着桥架的提升往上拆移。

3. 每跨桥架的上人数不得超过_____人。桥架上操作人员一律戴安全帽，不得坐在防护栏杆上。

二、判断题（下列判断正确的请打"√"，错误的打"×"）

1. 架由桥架和支承架（立柱）组合而成。 （ ）

2. 凡落地搭设支承架（立柱）用以支承（搁置或挂置）桥架者统称为桥式脚手架。

（ ）

3. 扣件钢管搭设的桥式脚手井式支承架在脚手架的尽端（建筑物拐角处）用单跨井架，中间用双跨井架。 （ ）

4. 扣件钢管搭设的桥式脚手井式支承架每隔五步设置两根连墙杆与建筑物连接牢固。 （ ）

5. 桥式脚手架操作人员不得攀登立柱上下，一律从楼层窗洞设置的木梯登上桥架。 （ ）

单元

10

三、简答题

1. 扣件钢管搭设的井式支承架的搭设有哪些要点？
2. 门型框架搭设的井式支承架应当注意哪些事项？
3. 桥架使用时应当注意哪些事项？

单元测试题答案

一、填空题

1. 单肢斜撑 2. 四步内外 3. 6
二、判断题
1. √ 2. √ 3. × 4. × 5. √
三、简答题
答案略。

第11单元

烟囱脚手架

第一节 烟囱的构造

培训目标
→ 了解砖烟囱
→ 了解钢筋混凝土烟囱
→ 了解双筒或多筒式烟囱
→ 了解烟囱附件

一、砖烟囱

砖烟囱如图11—1所示。筒壁坡度宜采用2%~3%；筒身按高度分成若干段，厚度由下至上逐段减薄。当筒身顶口内径小于或等于3 m时，筒壁最小厚度应为240 mm；当筒身顶口内径大于3 m时，筒壁最小厚度应为370 mm，每一段内的厚度应相同，每段高度不宜超过15 m。

单元 11

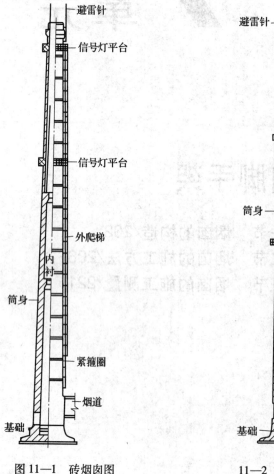

图11—1 砖烟囱图　　　　11—2 钢筋混凝土烟囱

二、钢筋混凝土烟囱

钢筋混凝土烟囱如图 11—2 所示。筒身高一般为 60 ~ 250 m，底部直径为 7 ~ 16 m，筒壁坡度常采用 2%，对高烟囱也有采用几种不同坡度的。筒壁厚度可随分节高度自下而上呈阶梯形减薄，但同一节内的厚度应相同，分节高度一般不大于 15 m。

筒身顶部 4 ~ 5 m 一段称为筒首，为防止排出气体的侵蚀并兼顾外形美观，该段断面一般均加厚，外表增设装饰花格，如图 11—3 所示，筒首顶部一般设置由铸铁等制作的保护罩，如图 11—4 所示。

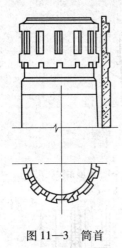

图 11—3　筒首

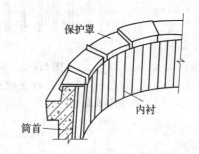

图 11—4　筒首顶部保护罩

三、双筒或多筒式烟囱

我国目前对一些高度较大的烟囱工程，已由钢筋混凝土烟囱逐步发展成双筒或多筒（集束）式烟囱。此类烟囱具有综合造价低、自重轻、地基处理费用省、可避免筒壁产生温度裂缝等优点，故在大、中型发电厂中已开始推广使用。

双筒或多筒式烟囱的构造，一般外筒为钢筋混凝土结构，筒体结构向上呈双坡变截面，外筒体主要承受风荷载。内筒为钢结构，用高耐候性结构钢制作，外包矿渣棉等保温隔热材料，钢内筒主要起排烟除尘作用。钢内筒为自立式，但在钢内筒与钢筋混凝土外筒之间每隔一定高度要设置横向钢平台支撑结构，并兼作施工安装及检修平台。基础一般为圆板式整体基础，下面作桩基础，如图 11—5 所示。

四、烟囱附件

1. 爬梯

烟囱外部爬梯供观察修理烟囱、检修信号灯和避雷设施之用。爬梯宜在离地面 2.5 m 处开始设置，直至烟囱顶端。爬梯的设置方向，一般设置在常年风向的上风方向。当烟囱高度小于 40 m 时，爬梯可不设置围栏；当烟囱高度为 40 ~ 60 m 时，在爬梯上半段设置围栏；当烟囱高度大于 60 m 时，在 30 m 以上的部位设置围栏。如图 11—6 所示，烟囱高度大于 40 m 时，还应在爬梯上每隔 20 m 设置一活动休息板。

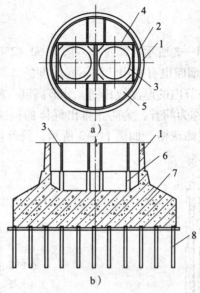

图 11—5　双钢内筒烟囱

a）平面　b）剖面

1—钢筋混凝土筒身　2—支承牛腿　3—钢内筒　4—H形钢梁

5—钢平台　6—钢内筒筒座　7—烟囱基础　8—桩基础

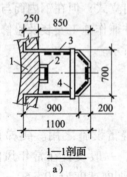

1—1剖面

a）

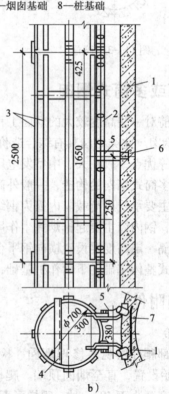

b）

图 11—6　爬梯构造

a）砖烟囱爬梯　　b）钢筋混凝土烟囱爬梯

1—筒壁　2—爬梯　3—围栏　4—休息板　5—爬梯爪　6—暗榫　7—连接板

单元

11

2. 信号灯平台

检修或安装信号灯用的平台，当烟囱高度小于 60 m，无特殊要求时可不设置；当烟囱高度为 60 ~ 100 m 时，可仅在顶部设置；当烟囱高度大于 100 m 时，还应在中部适当增设信号灯平台，如图 11—7 所示。

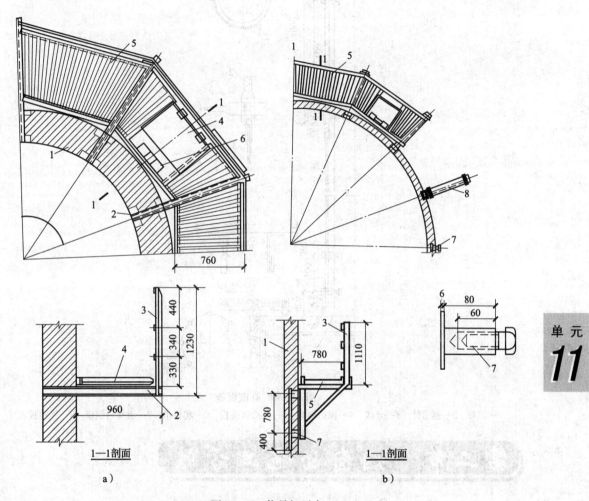

图 11—7　信号灯平台

a）砖烟囱信号灯平台构造　b）钢筋混凝土烟囱信号灯平台构造

1—筒壁　2—工字钢梁　3—围栏　4—人孔盖板　5—平台板　6—爬梯　7—暗榫　8—三角架

3. 避雷设施

避雷设施包括避雷针、导线及接地等，如图 11—8 所示。避雷针的数量根据烟囱的高度与上口内径确定。避雷针用 $\phi 10 \sim \phi 12$ mm 的镀锌钢绞线连成一体，下端连接点与导线以铜焊接严密。导线沿外爬梯至地下与接地极扁钢带焊接。

接地是由镀锌扁钢带与数根接地极焊接而成。接地极以 $\phi 50$ mm 的镀锌钢管或角钢制作，沿烟囱基础四周成环形布置，并由镀锌扁钢带焊接在一起。接地极的数量根据土的种类而定。

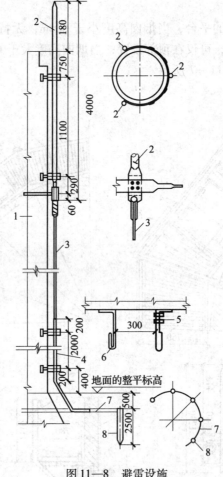

图11—8 避雷设施

1—筒身 2—避雷针 3—导线 4—保护钢管 5—导线铁夹板 6—爬梯爪 7—镀锌扁钢带 8—接地板

第二节 烟囱的施工方法

→ 了解砖烟囱无脚手架内插杆操作台施工
→ 了解砖烟囱内井架提升式内操作台施工
→ 了解砖烟囱外井架升降操作台施工
→ 掌握砖烟囱提升式吊篮操作台施工
→ 掌握钢筋混凝土烟囱竖井架移置模板施工
→ 掌握施工安全措施

一、砖烟囱无脚手架内插杆操作台施工

无脚手架内插杆操作台，如图11—9及图11—10所示。操作台由钢管插杆插在筒

壁中，上铺脚手板构成。每砌完一步架，倒换一次插杆，操作台向上移一步。上料方法有两种：一是利用操作台上小吊装架上料；二是用外井架上料。

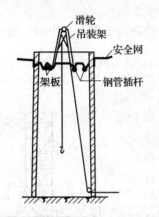
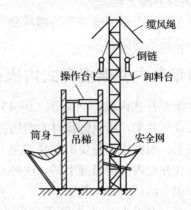

图 11—9　内插杆操作台小吊装架施工方法　　图 11—10　外井架内插杆操作台施工方法

1. 利用操作台上小吊装架上料

这种施工方法，设备简单易行，适于小型建筑企业，用在设备缺乏条件下的中、小型烟囱施工。

（1）内插杆。用 $\phi73$ mm 及 $\phi60$ mm 钢管各 8 根，每根大的套一根小的组成两组各 4 根可以伸缩的插杆，如图 11—11 所示。每向上移动一次操作台时，只安装一组插杆，待砖砌到适当高度，把第二组插杆安装上，再将下面的脚手板移上来，然后拆除下面第一组插杆，以便移到更上一层使用。插杆安入墙内约 10 cm 为宜，不要过紧或过松，以便保证安全和拆卸方便。

（2）小吊装架。吊装架为上料而设，用钢管和角钢制作，上部尺寸为 50 cm × 30 cm，上面装一个滑轮，下部尺寸约为 100 cm × 120 cm，高度以 180 cm 为宜。吊装架安装在操作台中央，并随操作台往上移动。

（3）安全网架。安全网支架用轻型薄壁型钢制作，如图 11—12 所示。支架数量根据烟囱周长而定，1 m 左右安设一个。安全网用尼龙绳织成。烟囱的外径是变化的，一般可利用外爬梯将安全网支架用钢丝绳箍紧于烟囱上，安全网架随操作台向上提升。

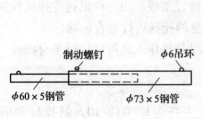
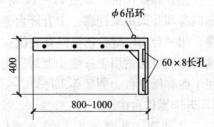

图 11—11　钢管内插件　　　　　　　图 11—12　安全网架

（4）吊梯。吊梯用以搬移插杆和脚手板、堵脚手眼之用，操作人员先将吊梯挂到上层已放好的插杆上，拴好安全带后放置吊梯板，操作人员即可站在吊梯板上操作。

单元
11

（5）爬梯围栏。操作人员从外爬梯上下，为安全起见，在外爬梯全高用木杆或方木绑设围栏。

2. 用外井架上料

在井架上附设由倒链提升的卸料台，位置经常保持略高于砌筑工作面，减少内插杆上搬移小吊装架的劳动。

二、砖烟囱内井架提升式内操作台施工

内井架提升式内操作台如图 11—13 所示。它是在筒身内架设竖井架，用倒链将可收缩的内吊盘操作台悬挂在井架上，根据施工需要沿着井架向上移挂提升。垂直运输是在井架内安装吊笼上料。这种方法适用于上口内径 2 m 以上的较大烟囱施工。

（1）竖井架孔数应根据烟囱内径大小选用。如果烟囱下部内径较大，可采用多孔竖井架，而上部内径较小可改用单孔竖井架，但不论用哪一种组合形式，都应保证在竖井架周围有一定的工作面。

（2）内吊盘操作台一般由三圈 10 或 12 号槽钢圈及方木辐射梁、铺板组成。内钢圈的大小以能套住竖井架

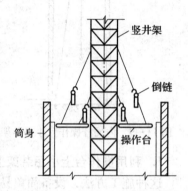

图 11—13　内井架提升式内操作台施工法

为准，中钢圈应比烟囱上口内径稍小些，外钢圈直径约等于烟囱上、下口径平均值。施工中采用收缩或锯短辐射梁、拆除外钢圈等方法使操作台随烟囱直径逐渐减小。

（3）操作台一般用 8～12 个倒链和 φ12～φ16 mm 钢丝绳悬挂在井架上，操作台安装完成后，应以两倍的荷重进行荷载试验，以保证施工的安全。操作台上的材料不宜堆置过多，随用随运。

（4）操作台应均匀提升，保持水平。在靠竖井架的里圈，应钉防护板，以免砖头掉落。

（5）筒身下部如筒壁较厚，可搭设一段外脚手架，以便内外同时砌筑，加快进度。

三、砖烟囱外井架升降操作台施工

外井架升降操作台，如图 11—14 所示，它是在烟囱旁边架设一座矩形井架，并围绕烟囱筒身和井架用架杆绑一个升降台架，台上铺设架板。用一台慢速卷扬机控制操作台升降，用一台 JJK 型卷扬机提升装设在井架外侧的托盘进行垂直运输。

这种施工方法适用于一般小型烟囱施工，优点是操作人员可以保持平身砌砖，并且还避免了搬移操作台、翻架等工序。

1. 升降操作台构造

（1）竖井架。平面尺寸 1.50 m × 1.20 m，立杆为 L 100 × 10，斜拉杆和横杆为 L 75 × 8。

（2）升降台一套。升降台架用脚手杆子绑架而成，升降台上有四个点与井架滑道接触滑动起落，控制稳定。四周设安全网，台上铺架板。

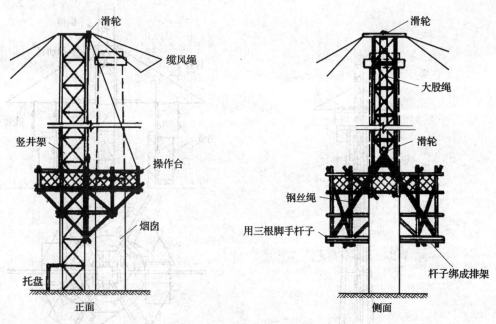

图 11—14　外井架升降操作台施工法

（3）卷扬机。提升操作台用一台 5 t JJM 慢速卷扬机（另设一台备用）；上料用 3 t JJK 型卷扬机一台。

2. 施工注意事项

（1）竖井架高度是根据烟囱的高度确定的，一般高出烟囱 4~6 m。

（2）烟囱砖砌到 3 m 左右时，开始架设升降台座、铺板及悬挂安全网。继续施工就用托盘上料。平台根据施工需要提升，保持砖工平身砌砖的高度。

（3）竖井架缆风绳要拉紧，任何一角都不可松紧不等，以防发生井架扭转现象。

（4）升降台上砖的储备量一般保持 250~300 块。

（5）升降台要做好施工前各部周密检查，并进行不上人的空车升降及安全荷载试验。

四、砖烟囱提升式吊篮操作台施工

提升式吊篮操作台如图 11—15 所示，它是在筒身内架设一座断面尺寸较小的单孔竖井架。在井架上用倒链悬挂并提升由滑动套、挑梁和拉杆组成的提升架。在提升架的挑梁上装设卸料台，挑梁下悬挂吊篮。垂直运输在井架内装设料斗上料。

这种施工方法适于不同上口内径的中、小型烟囱施工。具有经济合理，架设方便，施工安全等优点。

1. 吊篮操作台的构造

（1）竖井架。它的平面尺寸为 70 cm×70 cm 左右；立杆用 50 mm×6 mm 或 60 mm×5 mm 角钢制作。斜杆上加焊脚蹬作为上下人的梯子。

（2）提升架。它的主要传力系统用 6 根 8 号槽钢作挑梁，用 6 根 φ14 mm 的圆钢作拉杆，和角钢滑动套组合而成，如图 11—16 所示。

单元 **11**

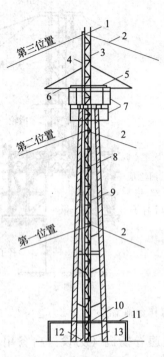

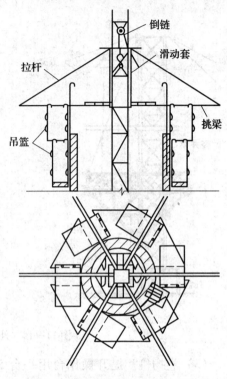

图11—15 提升式吊篮脚手
施工削面示意图

图11—16 提升架

1—滑轮　2—缆风绳　3—竖井架　4—倒链
5—卸料台　6—提升架　7—上下层吊篮　8—休息平台
9—拉结器和花篮螺丝　10—烟囱内防护板
11—防护棚　12—导向滑轮　13—上料吊斗

（3）吊篮。上下层吊篮平台是各由6块梯形、长方形吊篮板组合而成的多边形，如图11—17所示，吊篮用吊杆悬挂在提升架挑梁上，在吊篮外侧的吊杆之间，安装可伸缩的防护栏杆，并用安全网围起来，这种吊篮在施工中可随烟囱直径的变化而收缩。

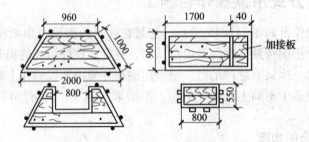

图11—17 梯形及长方形吊篮板

（4）卸料台。卸料台安装于提升架挑梁上。

（5）垂直运输装置。竖井架内设置附着于管子滑道上下的提升吊盘，另有3~4台平台轨道小车交替进行砖和砂浆运输。

2. 施工注意事项

（1）竖井架安装可随烟囱砌筑逐次加接到需要高度，井架与筒壁之间每隔4～6 m柔性连接一次。

（2）两个倒链应等速提升，以保持吊篮平台平衡。每次提升高度为1.2 m左右。

（3）施工人员可在井架内外上下，但操作期间没有通知机械停开，严禁人员上下。

（4）为了保证提升架安全，任何时候卸料台和吊篮上材料总的储备重量不得超过2 400 kg。

（5）施工中，砌砖、勾缝、安装钢箍等操作工序随着吊篮的提升由下而上一次完成。

（6）设备拆除顺序。安全网和栏杆→上部卸料台→外吊篮→挑梁→提升架→缆风绳→竖井架。

五、钢筋混凝土烟囱竖井架移置模板施工

钢筋混凝土烟囱竖井架移置模板施工方法是将操作台悬挂在内井架上，沿着井架向上移挂提升。竖井架承受操作台的全部施工荷重，并兼用于垂直运输。模板采用多节模板循环安装拆卸的方法，将烟囱筒身混凝土逐节浇筑上去，如图11—18所示。

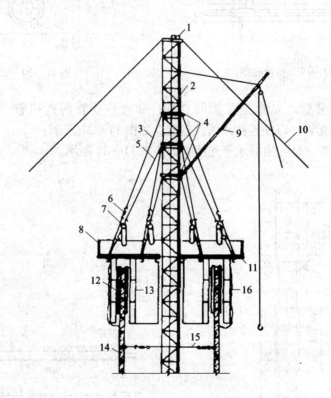

图11—18　竖井架移置模板施工图

1—滑轮　2—竖井架　3—保险钢丝绳　4—加固箍　5—提升钢丝绳　6—花篮螺丝　7—倒链　8—栏杆
9—拔杆　10—缆风绳　11—操作台　12—模板　13—吊梯　14—筒壁　15—柔性联结器　16—安全网

1. 钢管竖井架各部件构造

（1）支承底座。支承底座是竖井架的底盘，通过它使上部荷重均匀地传递到基础底板上，如图11—19所示。

支承底座由底座及支承槽两个部分构成，支承槽为每根立管的支座，如图11—20所示。

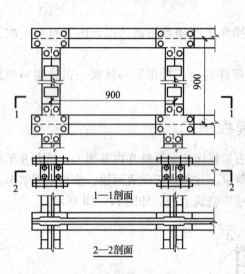

图11—19　支承底座

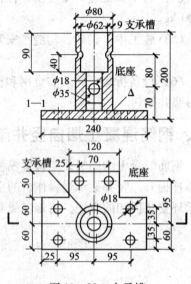

图11—20　支承槽

（2）立管与套管。立管是井架的立柱；套管是立管的连接管。在立管上每高1.25 m安装一个套管，以便连接横管及斜管，如图11—21所示。

（3）横管。横管是井架的水平连接管，如图11—22所示。

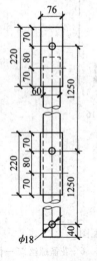

图11—21　立管与套管

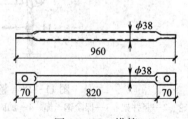

图11—22　横管

（4）斜管。斜管是井架的斜向连接管，如图 11—23 所示。

（5）粗横管。粗横管是滑道加固横管，用于升降吊笼的竖井中，如图 11—24 所示。

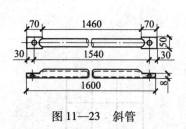

图 11—23　斜管

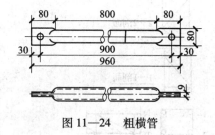

图 11—24　粗横管

（6）滑道管与滑道卡子。滑道管是吊笼升降的轨道；滑道卡子是将滑道固定于粗横管上的零件，如图 11—25 所示。

2. 竖井架安装要点

（1）钢管竖井架可根据施工需要装配成 1～9 孔。如图 11—26 至图 11—28 所示，分别为 9 孔、5 孔、2 孔竖井架的安装图。

（2）竖井架的各孔竖井应明确规定其用途，以便各项工作有秩序地进行。图 11—29 所示为各孔竖井分工一例。

（3）竖井架为 1、3、5、9 孔时，其中心应与烟囱的中心重合；若为 2、4、6 孔时，可以与烟囱中心偏 200～300 mm，以便于施工中筒身中心线的测定。

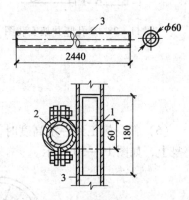

图 11—25　滑道管与滑道卡子
1—滑道卡子　2—粗横管　3—滑道管

单元
11

（4）支承底座必须保持水平，基础底板表面不平之处必须以铁板垫平。底座安装后可用锯末覆盖，以免施工中被掉落混凝土固结，难以拆除。

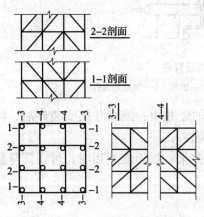

图 11—26　9 孔竖井架安装图

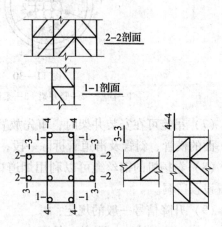

图 11—27　5 孔竖井架安装图

（5）竖井架第一次安装高度一般为 30~40 m，以后再分数段增高。每隔 15~20 m 高度四角用钢丝绳缆风拉稳。紧固缆风绳时，可用两台经纬仪成十字方向校正井架垂直度。

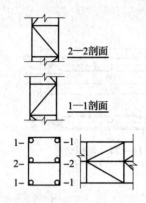

图 11—28　2 孔竖井架安装图

图 11—29　各孔竖井分工图

1—混凝土吊笼升降竖井　2—乘人吊笼升降竖井
3—中心线竖井　4—人行爬梯竖井
5—信号、照明、动力、电话等线路竖井
6—养护水管竖井

（6）筒身施工到一定高度时，每隔 10~20 m 设一组柔性联结器，将竖井架固定在筒身上，如图 11—30 所示。

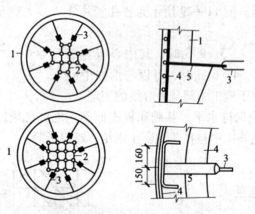

图 11—30　柔性联结器设置图

1—筒壁　2—竖井架　3—柔性联结器　4—钢筋　5—钢筋埋设件

（7）吊笼可在安装井架时，事先放置于指定的竖井中；或在井架安装好后，将竖井一面的横管、斜管及滑道管拆除一段，再将吊笼装入。

（8）卷扬机的钢丝绳可以利用烟道口通向竖井架；如不能利用时，可在筒身适当位置设预留洞。

（9）升降信号一般的规定：

一停——电铃响一下（一长声），电灯亮一下；

二上——电铃响两下（两短声），电灯亮两下；

三下——电铃响三下（三短声），电灯亮三下。

3. 操作台的悬挂及提升方法

（1）采用倒链提升的操作台

1）一般用 1～2 t 的倒链和 ϕ14 mm 钢丝绳及 ϕ16 mm 钢筋环将操作台挂在井架上，如图 11—18 所示。倒链的数量是依据操作台、吊梯等和施工全部荷重确定的。

2）吊点布置时，要使每个倒链所承受的荷重相等。例如，使用 20 个倒链时，一般在外钢圈上布置 12 个，内钢圈上布置 8 个，交错排列。

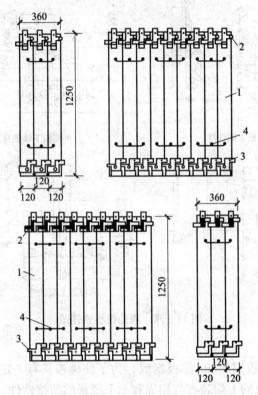

图 11—31　链式木模板图
1—木拼板　2—上端铁件　3—下端铁件　4—铁丝

3）各悬挂点应按不同标高交错排列，以分散井架水平截面的受力。钢丝绳与操作台的夹角应不小于 60°。

4）提升时必须在统一指挥下进行，使每个倒链同时以均匀速度向上提升，以免个别倒链受力，而使操作台倾斜。每次提升 1.25 m，保证内外吊梯与筒壁施工高度相一致。

（2）采用卷扬机提升操作台

卷扬机提升操作台的方法是将操作台用四组滑车悬挂在竖井架上，通过 15 t 双筒卷扬机来提升。上部四个滑车为 5 t 的三轮滑车，在四个方向分别用短钢丝绳悬挂在竖井架顶部的节点上，下部四个滑车为 4 t 的两轮滑车，分别用钢丝绳将操作台的内外钢圈悬吊起来。四组滑车用四根 ϕ16 mm 的钢丝绳，通过设在竖井架底部的导向滑轮，分别卷入前后卷筒上，随着操作台的提升，随时变换卡扣的位置。提升时由专人指挥，开动

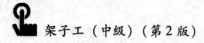
卷扬机，操作台便徐徐升起。

4．移置模板的构造

（1）链式木模板。链式木模板由 40 mm×120 mm×1250 mm 的一等红松制成。板的一面或两面刨光，每三块板的上下端用 8 号铁丝连接，如图 11—31 所示。外模板外面宽里面窄，内模板外面窄里面宽，使模板在装配后没有缝隙。内、外模板的两端装有与相邻模板和上下模板衔接的铁件，如图 11—32 所示。

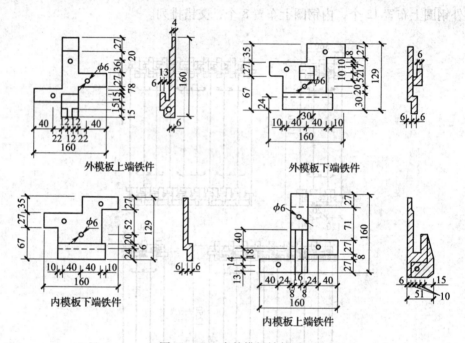

外模板上端铁件

外模板下端铁件

内模板下端铁件

内模板上端铁件

图 11—32　内外模板铁件图

（2）钢模板

1）外模板。外模板用 2 mm 钢板制成，为了使模板具有一定的刚度，在板的背面焊有两条扁钢带。模板的上端装有与相邻和上下模板的衔接铁件，模板上部焊有提升模板用的挂钩，在加固扁钢带上焊有捆钢丝绳用的铁件。外模板与相邻模板之间用搭接方式相互衔接，上下模板之间为对接，如图 11—33 所示。

2）内模板。内模板的构造及相互搭接方式与外模板基本相同，不同处是内模板的扁钢带上焊有固定圈铁的专用铁件，如图 11—34 所示。

3）外模接槎板。外模接槎板的宽度与外模板相同，在其背面焊有一条加固扁钢带，在扁钢带上焊捆紧绳器专用铁件，如图 11—35 所示。

4）内模接槎板。内模接槎板与内模板的构造基本相同，不同处是中间只有一条加固扁钢带，如图 11—36 所示。

5．移置模板的安装

（1）内模板安装

1）第一节模板安装时，为了便于拆模并防止漏浆，可在模板下配置两层弦板，如图 11—37 所示。

单元
11

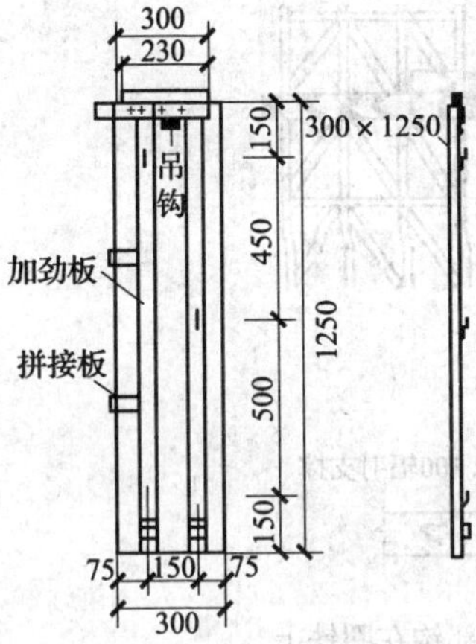

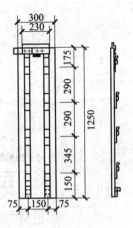

图 11—33　外模板图

图 11—34　内模板图

图 11—35　外模板接槎板图

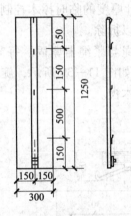
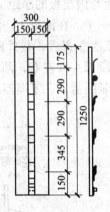

图 11—36　内模板接槎板图

单元
11

2）模板安装时，一般先安装内模板，以便测定半径及固定模板。

3）如果采用链式木模板，模板上端的铁件中，安置两道 $\phi19$ mm 的圈铁，每根圈铁长约 1.5 m，按筒身的内径弯成弧形，安设时，顶头必须平整严密，上下两道圈铁的接头应错开，前面安装模板，后面测定半径，并用木支撑顶固。

4）如果采用钢模板，每节模板安设四道圈铁，每道两根放于圈铁卡槽里，每根圈铁长 1.5～2.5 m，直径为 $\phi16$～18 mm。安装时应先安放最上边的一道圈铁，同时测定中心线与半径，并用木支撑顶固，然后再安放以下三道圈铁。

5）内模木支撑端部装设扁铁弯钩钩在圈铁上，并在井架周围的相应标高上绑方木，支撑尾部钉在此方木上，如图 11—38 所示。

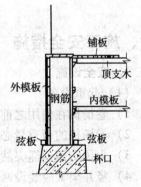

图 11—37　在模板下配置两层弦板

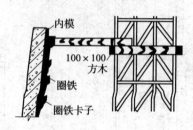

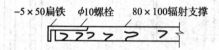

图 11—38　内模木支撑端部钩在圈铁上

（2）外模板安装

1）外模板与内模板的净距（筒壁厚度）用设计厚度的临时撑木控制，临时撑木每隔一块模板放一个。在混凝土浇灌到临时撑木时予以拆除。

2）外模依次立齐后，在外圈用 φ12 mm 钢丝绳与紧绳器紧固。每节模板设 2～3 道，钢丝绳每段长 4 m 左右，两端用紧绳器连接，如图 11—39 所示，旋转紧绳器便可紧固。为保护紧绳器，在紧绳器两端钢丝绳下应加木楔。

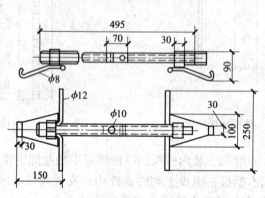

图 11—39　紧绳器

六、施工安全措施

1. 安全设施

（1）起重设备

1）卷扬机在使用之前必须检查全部机件，并经过空车和重车试运和制动试验。

2）卷扬机的荷重量必须按制造厂说明书规定的负荷使用。

3）为预防钢丝绳突然折断，吊笼上应装设安全抱刹。

4）竖井架上应装设两道限位器以防吊笼冒顶。

5）钢丝绳一定要牢靠地固定在滚筒上；留在滚筒上的钢丝绳应该至少在 10 圈以上。

6）对于安全抱刹、限位器在施工中必须定时检查，以防失灵。

（2）动力及照明

1）夜间施工时，操作台、内外吊梯、竖井架、卷扬机房、搅拌站以及各运输道路等处，均需要设有充分的照明。

2）高空作业使用的电压，如振动器、照明、信号等，应使用不大于 36 V 的电压。

3）照明灯泡应备有防雨灯伞或保护罩，以防打坏漏电。

4）各种机械的电动机必须接地，运转中注意电机的温度不得超过规定。

（3）信号

1）烟囱施工时，在筒身底部、操作台上和卷扬机之间，必须安设电铃和指示灯作联系信号。

2）在烟囱上部和下部应各安装半导体对话机一套。

（4）防护设施

1）烟囱周围的危险区，应设置刺丝网或围栏，并挂上警告牌，严禁非工作人员入内。

2）在危险区的通道上应搭设保护棚，以保护出入人员的安全。

3）在竖井架上下人孔靠吊笼的一面应安装铁丝保护网，以防止吊笼上下时碰伤人。

4）在筒身内部距地面 2.5 m 高处搭设一座保护棚，以保护下部操作人员的安全。

当烟囱施工到一定高度后，每隔 20 m 应搭设一座内保护棚，如图 11—40 所示。

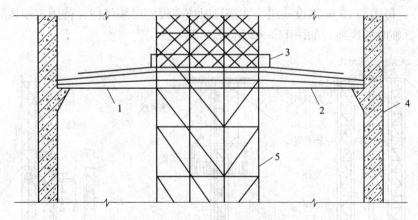

图 11—40　内保护棚
1—横梁　2—铺板　3—挡板　4—筒壁　5—竖井架

5）操作台的周围应设置围栏及铁丝网；在内外吊梯上应设安全网。

6）当利用钢管竖井架代替避雷针时必须进行接地，如图 11—41 所示。

当采用木制竖井架时，顶部应安装避雷针，并连接导线和接地极，检查接地是否良好。接地电阻一般应在 10 Ω 以内。

2. 安全规程

（1）高空作业人员必须经医生检查身体合格。凡精神不正常、高血压、心脏衰弱者，不得进行高空作业。

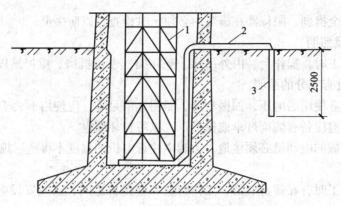

图 11—41　竖井架接地图
1—竖井架　2—扁钢带　3—接地管

（2）新来的工人必须进行安全规程的学习，在他们全部熟悉安全规程后，才能登高作业。

（3）当遇到大风雷雨时，所有高空作业暂停，操作人员应下至地面躲避。

（4）操作台上的材料必须平均堆放，每班下班前，应清扫一遍，不用的工具和材料，用吊笼运到地面。

（5）操作人员上下烟囱乘坐吊笼时必须站在吊笼内。吊笼顶上严禁站人。

（6）井架、门架和烟囱、水塔等脚手架，凡高度 10～15 m 的要设一组缆风绳（4～6 根），每增高 10 m 加设一组。在搭设时应先设临时缆风绳，待固定缆风绳设置稳妥后，再拆临时缆风绳，如图 11—42 所示。

单元 **11**

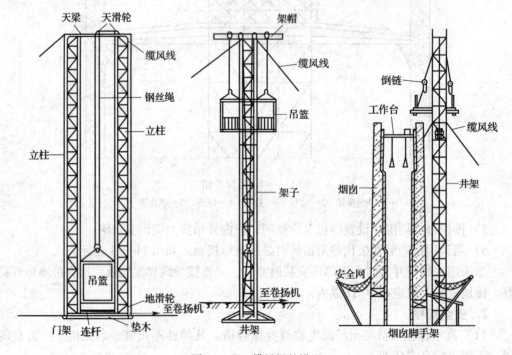

图 11—42　缆风绳的设置

（7）竖井架要拉在可靠的地方，并经常检查。缆风绳在拉紧或松开时必须与对面同时进行。通过高压线路时应搭设脚手架保护。

（8）接高钢管竖井架时应先检查以前安装的立管、横管及斜管是否牢固。本班内所安装的钢管架不得遗留尚未紧固好的构件。

（9）经常检查柔性联结器有无松动，发生松弛时应立即松紧，以保持竖井架的垂直。

（10）高空作业时应预防附近烟囱所排出的含有煤气和其他有害气体的侵害，避免中毒。

第三节 烟囱的施工测量

→ 掌握烟囱中心线的测设
→ 掌握基础施工测量
→ 掌握引测烟囱的中心线
→ 掌握筒体外壁收坡的控制
→ 掌握筒体的标高控制
→ 了解砖烟囱的允许偏差
→ 了解钢筋混凝土烟囱的允许偏差

烟囱多是截圆锥形的建筑，它的基础小，主体高，测量工作主要是严格控制其中心位置，以保证烟囱主体铅垂。

单元
11

一、烟囱中心线的测设

按图纸要求，利用已知控制点或已有建筑物位置的尺寸关系，定出烟囱的中心位置，如图11—43所示。

在地面上定出以 O 为交点的任意两条可以通视的、相互垂直的轴线 AB 和 CD。A、B、C、D 各点离烟囱中心的距离最好大于烟囱的高度。为了稳妥起见，一般在每个点的轴线延长线上，再多增设 $1\sim2$ 个控制桩，各控制桩的位置都应妥善保护。在轴线方向上，尽量靠烟囱而又不影响桩位稳固的地方设 E、F、G、H 四桩，以便挖好基坑后烟囱中心的投设。

二、基础施工测量

定出烟囱中心 O 后，以 O 为圆心，$r+b$ 为半径（r 为烟囱底的半径，b 为基坑的放坡宽度），在地面上画图，撒上灰绳开始挖土，当快要挖到设计标高时，在坑壁周围钉上水平桩，以控制挖土深度。坑底夯实后以 E、F、G、H 四桩拉线，用线锤把烟囱中心吊到坑底、钉上木桩，作为浇灌混凝土基础的中心控制点。

在浇灌基础混凝土结束时，应在烟囱中心位置埋设铁桩，作为施工控制的基本依据。此时，用两台经纬仪架设在靠近烟囱中心的地面桩位上，从两个不同的方向上在铁

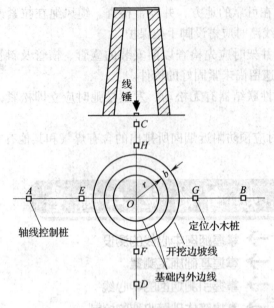

图 11—43　定出烟囱的中心位置

桩顶面上准确地定出烟囱的中心位置，并刻上"十"字线作为施工中控制烟囱中心的固定标志。然后，以此点为圆心，在基础上画出砌筑里外圆的边线。

三、引测烟囱的中心线

烟囱施工到地面上时，应将轴线测设到烟囱外部的根部，并作标志。烟囱继续向上砌筑时应随时将中心点引测到施工作业面上，一般砌砖每升一步架，混凝土每提升一次模板，必须引测一次中心点。

具体做法：在砖烟囱上口架设一个烟囱直径控制杆，如图 11—44a 所示，它由一方木及一根带有刻划的尺杆组成。尺杆一端铰接在方木的中心点上，可以绕此点旋转。方木中心点下部有一小钩以便悬挂线锤，对准烟囱基础上的中心点，如图 11—44b 所示，此时，尺杆上的刻划线即为下步砌砖的依据。

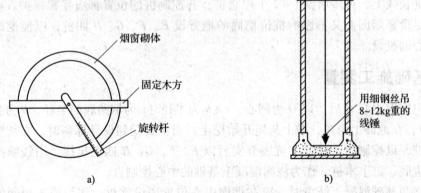

图 11—44　用木尺杆检查烟囱壁及用线锤吊中
a) 用木尺杆检查烟囱壁　b) 用线锤吊中

烟囱每砌完 10 m 左右必须用经纬仪检查一次中心，检验的方法是分别安置经纬仪于轴线的 A、B、C、D 四个控制桩上，如图 11—43 所示，对准基础上面的轴线标记，把轴线点投到施工面上，并做标记，然后按标记拉两根小线，其交点即为烟囱中心点。用此点与线锤直接引测所得中心点相比较，以做校核，其烟囱中心偏差一般不应超过所砌高度 1/1 000。

四、筒体外壁收坡的控制

为了保证筒身收坡符合设计要求，除了用尺杆画圆控制外，还应随时用靠尺板来检查，靠尺形状如图 11—45 所示，两侧的斜边是严格按照设计要求的筒壁收坡系数制作的。在使用过程中把斜边紧靠在筒体外侧，如果筒体的收坡符合要求，则线锤线正好通过下端的缺口。如果收坡控制不好，可通过坡度尺上小木尺读数反映其偏差大小，以便使筒体收坡及时得到控制。

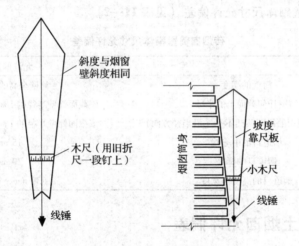

图 11—45 靠尺板示意图

在筒体施工的同时，还应检查筒体砌筑到某一高度时的设计半径。如图 11—46 所示，某高度的设计半径 $r_{H'}$ 可由图示计算求得

$$r_{H'} = R - H'm \qquad (11—1)$$

式中 R——筒体底面外侧设计半径；

       m——筒体的收坡系数。

收坡系数的计算公式为

$$m = (R - r) / H \qquad (11—2)$$

式中 r——筒体顶面外侧设计半径；

       H——筒体的设计高度。

五、筒体的标高控制

筒体的标高控制是用水准仪在筒壁上测出

图 11—46 筒体中心线引测示意图

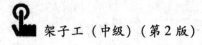
+0.500 m（或任意整分米）的标高控制线，然后以此线为准用钢尺量取筒体的高度。

六、砖烟囱允许偏差

1. 砖烟囱中心线垂直度允许偏差（见表11—1）

表11—1　　　　　　　　　　　砖烟囱中心线垂直度允许偏差

项次	筒壁标高（m）	允许偏差值（mm）
1	≤20	35
2	40	50
3	60	65
4	80	75
5	100	85

2. 砖烟囱筒壁砌体尺寸允许偏差（见表11—2）

表11—2　　　　　　　　　　　砖烟囱筒壁砌体尺寸允许偏差

项次	名称	允许偏差值
1	筒壁的高度	筒壁全高的0.15%
2	筒壁任何截面上的半径	该截面筒壁半径的1%，且不超过30 mm
3	筒壁内外表面的局部凹凸不平（沿半径方向）	该截面筒壁半径的1%，且不超过30 mm
4	烟道口的中心线	15 mm
5	烟道口的标高	20 mm
6	烟道口的高度与宽度	+30 mm，−20 mm

七、钢筋混凝土烟囱允许偏差

1. 钢筋混凝土烟囱中心线垂直度允许偏差（见表11—3）

表11—3　　　　　　　　　钢筋混凝土烟囱中心线垂直度允许偏差

项次	筒壁标高（m）	允许偏差值（mm）
1	≤20	35
2	40	50
3	60	65
4	80	75
5	100	85
6	120	95
7	150	110
8	180	120
9	210	130
10	240	140
11	270	150
12	300	165

2. 钢筋混凝土筒壁尺寸允许偏差（见表11—4）

表11—4　　　　　　　　　钢筋混凝土筒壁尺寸允许偏差

项次	名称	允许偏差值
1	筒壁的高度	筒壁全高的 0.15%
2	筒壁的厚度	20 mm
3	筒壁任何截面上的半径	该截面筒壁半径的1%，且不超过30 mm
4	筒壁内外表面的局部凹凸不平（沿半径方向）	该截面筒壁半径的1%，且不超过30 mm
5	烟道口的中心线	15 mm
6	烟道口的标高	20 mm
7	烟道口高度和宽度	+30 mm，−20 mm

单元测试题

一、填空题（请将正确的答案填写在横线空白处）

1. 钢筋混凝土烟囱的筒身高一般为_____ m，底部直径为 7～16 m，筒壁坡度常采用2%。

2. 筒身顶部_____ m 一段称为筒首，为防止排出气体的侵蚀，并兼顾外形美观，该段断面一般均加厚，外表增设装饰花格，筒首顶部一般设置由铸铁等制作的_____。

3. 砖烟囱内井架提升式_____，即在筒身内架设竖井架，用倒链将可收缩的内吊盘操作台悬挂在井架上，根据施工需要沿着井架向上移挂提升。垂直运输时在井架内安装吊笼上料。

4. 砖烟囱提升式_____是在筒身内架设一座断面尺寸较小的单孔竖井架。在井架上用倒链悬挂并提升由滑动套、挑梁和拉杆组成的提升架。在提升架的挑梁上装设卸料台，挑梁下悬挂吊篮。垂直运输时在井架内装设料斗上料。

5. 钢筋混凝土烟囱竖井架_____是将操作台悬挂在内井架上，沿着井架向上移挂提升。竖井架承受操作台的全部施工荷重，并兼用于垂直运输。模板采用多节模板循环安装拆卸的方法，将烟囱筒身混凝土逐节浇筑上去。

6. 烟囱施工到地面上时应将轴线测设到烟囱外部的根部，并做标志。烟囱继续向上砌筑时，应随时将中心点引测到施工作业面上，一般砌砖每升一步架，混凝土每提升一次模板，必须_____中心点。

7. 烟囱每砌完_____ m 左右，必须用经纬仪检查一次_____，用此点与线锤直接引测所得中心点相比较，以做校核，其烟囱中心偏差一般不应超过所砌高度的_____。

二、判断题（下列判断正确的请打"√"，错误的请打"×"）

1. 双筒或多筒式烟囱的构造，一般外筒为钢筋混凝土结构，筒体结构向上呈双坡变截面，外筒体主要承受风荷载。　　　　　　　　　　　　　　　　（　　）

单元 **11**

2. 爬梯宜在离地面 5 m 处开始设置，直至烟囱顶端。爬梯一般设置在常年风向的上风方向。   （　　）

3. 砖烟囱的操作台由钢管插杆插在筒壁中，上铺脚手板构成。每砌完一步架，倒换一次插杆，操作台向上移一步。上料方法有两种：一是利用操作台上小吊装架上料；二是用外井架上料。   （　　）

4. 砖烟囱无脚手架内插杆操作台是在烟囱旁边架设一座矩形井架，并围绕烟囱筒身和井架用架杆绑一个升降台架，台上铺设架板。用一台慢速卷扬机控制操作台升降，用一台 JJK 型卷扬机提升装设在井架外侧的托盘进行垂直运输。   （　　）

5. 筒体的标高控制是用水准仪在筒壁上测出 + 0.500 m（或任意整分米）的标高控制线，然后以此线为准用钢尺量取筒体的高度。   （　　）

三、简答题

1. 砖烟囱外井架升降操作台施工时应当注意哪些事项？

2. 砖烟囱提升式吊篮操作台施工时应当注意哪些事项？

3. 钢筋混凝土烟囱竖井架移置模板施工竖井架安装有哪些要点？

4. 架子工在烟囱高空作业施工中应当遵守哪些安全规程？

单元测试题答案

单元 11

一、填空题

1. 60 ~ 250　2. 4 ~ 5　保护罩　3. 内操作台　4. 吊篮操作台　5. 移置模板施工方法　6. 引测一次　7. 10　中心　1/1 000

二、判断题

1. √　　2. ×　　3. √　　4. ×　　5. √

三、简答题

答案略。

第12单元

水塔脚手架

第一节　水塔的形式及构造

培训目标

→ 了解水塔的种类及特点
→ 了解水箱的构造及适用范围

一、水塔的种类及特点（见表12—1）

单元 **12**

序号	种类	适用范围及优缺点	简图
1	砖筒身砖加筋水箱水塔	适用于水箱容量为 30 m^3、50 m^3 的小型水塔。其优点是施工方便，设备简单，节约三大材料，便于因地制宜，就地取材	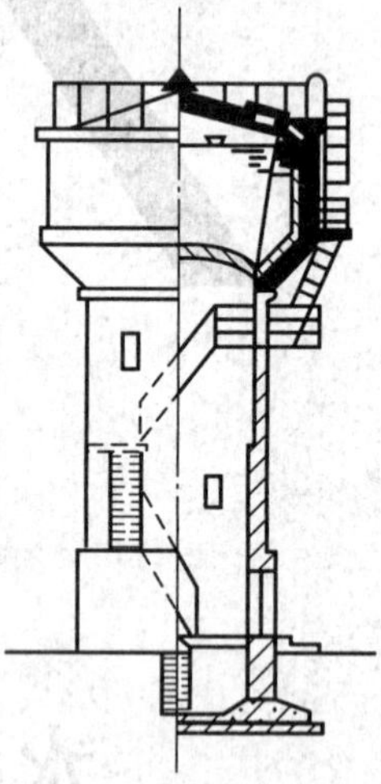
2	砖筒身钢筋混凝土水箱水塔	适用于水箱容量 30～200 m^3，高度 28 m 以下。由于筒身用砖砌筑，故具有施工方便、材料易取、节约三大材料等优点，在我国各地应用较普遍。常采用国标：S846（一）～（六），即 30 m^3、50 m^3、80 m^3、100 m^3、150 m^3、200 m^3 六种	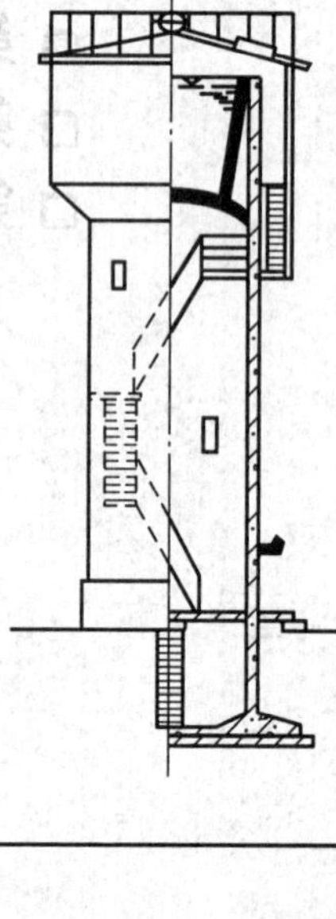

序号	种类	适用范围及优缺点	简图
3	装配式水塔	装配式水塔由钢丝网水泥水箱、装配式预应力钢筋混凝土抽空杆件支架及板式基础组成，除基础现浇外，水箱和支架杆件均为预制吊装。这种水塔具有节约材料，缩短工期，便于机械化施工等优点	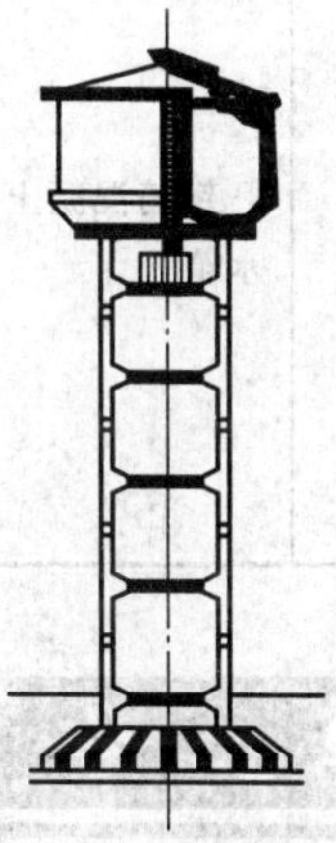

二、水箱的构造（见表12—2）

序号	名称	构造特点	构造简图
1	钢筋混凝土平底水箱	混凝土为 C20，护壁为 M5 砂浆砌 MU7.5 砖，池顶做保温层、防水层，池内抹防水层	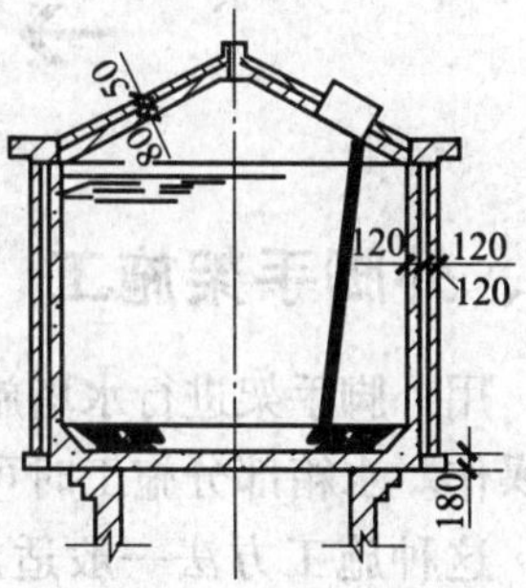
2	钢筋混凝土壳形底水箱	钢筋混凝土水箱，砖护壁，池顶及池内做防水层。池底做成壳形，池底斜坡部分加木板空气保温层	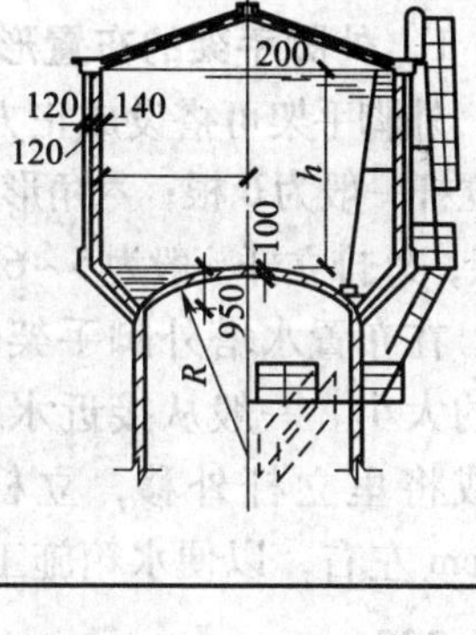

续表

序号	名称	构造特点	构造简图
3	钢筋混凝土倒锥壳水箱	水箱为 C25 钢筋混凝土，采用木模就地预制，浇灌混凝土时，要注意安装好提升用的预埋吊环、吊篮脚手螺栓，并处理好水箱和塔身间的支模和脱模，确保不粘结，其缝隙要做好防水处理，保证不渗水	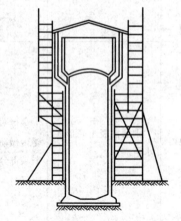

第二节　水塔脚手架施工方法

培训目标

→ 掌握外脚手架施工
→ 掌握里脚手架施工
→ 掌握钢筋三角架脚手施工
→ 掌握提升式吊篮脚手施工
→ 解提模施工
→ 掌握水箱底及护壁下环梁（大锥底）支模方法

单元
12

一、外脚手架施工

用外脚手架进行水塔施工是在筒身外部搭设双排脚手架。操作人员在外架的脚手板上操作。水箱部分施工时可用挑脚手杆或放里立杆的脚手架，如图 12—1 所示。

这种施工方法一般适用于砖或钢筋混凝土水塔的建造。垂直运输由塔外上料架上料，因此需要大量架杆木材，架子绑扎工作量很大，影响工程进度，现已逐步被其他方法所代替。

1. 外脚手架的布置形式

外脚手架可搭设成正方形或多边形。正方形每边立杆一般为 6 根；六角形每边里排立杆一般为 3 ~ 4 根，外排立杆一般为 5 ~ 6 根，如图 12—2 所示。

在布置水塔外脚手架时，要考虑顶部水箱直径的大小。一般从接近水箱底面处开始搭设挑脚手或将里立杆外移，立杆离水箱壁的距离保持 50 cm 左右，以便水箱施工，如图 12—3 所示。

图 12—1　水塔施工双排外部脚手架

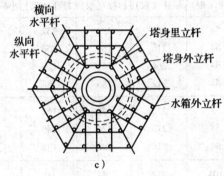

图 12—2　外脚手架的布置形式

a）正方形　b）六角形加挑脚手　c）六角形放里立杆

单元
12

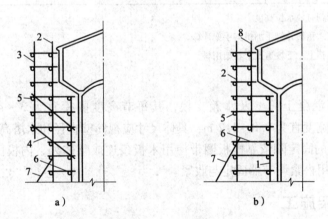

图 12—3　水箱施工

a）挑脚手架　b）放里立杆脚手架

1—筒身里立杆　2—筒身外立杆　3—水箱外立杆　4—斜撑杆
5—纵向水平杆　6—横向水平杆　7—抛杆　8—水箱里立杆

2. 外脚手架搭设的基本要求

除参照"烟囱"有关外脚手架搭设要点外，还要注意以下几点：

（1）立杆至少埋入地下 0.5 m，并在坑底垫砖、石或木垫板。无法挖坑时，应加绑扫地杆。

（2）搭设时应注意水塔大门方向，给塔内进出材料创造条件。

（3）水塔四周应拉安全网，网与网之间必须连接牢固。

（4）脚手板宜使用5 cm以上厚度的坚固木板。凡腐朽、扭纹、破裂或大横透节的木板都不能使用。如使用竹脚手板时，厚度不得小于5 cm，螺栓孔不能大于1 cm，螺栓必须拧紧。

搭设外脚手架需用材料可参考表12—3。

表12—3　　　　　　搭设外脚手架需用材料参考

塔身直径（m）	水塔高度（m）	需用脚手杆、脚手板的规格、数量						
		$l=8$ m 杉杆（根）	$l=6$ m 杉杆（根）	$l=5$ m 杉杆（根）	$l=4$ m 杉杆（根）	$l=2$ m 小横杆（根）	$l=3$ m 脚手板（块）	$l=4$ m 脚手板（块）
3～4	16	54	168	132	132	144	30	30
	20	54	216	150	150	162	30	30
	24	54	264	168	168	180	30	30
	28	54	312	186	186	198	30	30
4～5	20	54	222	156	162	162	35	35
	24	54	270	174	180	180	35	35
	28	54	318	192	198	198	35	35
5～6	20	104	372	144	60	204	40	40
	24	104	456	168	72	222	40	40
	28	104	540	192	84	234	40	40

注：1. 高度是指到有效水位高度。

2. 本表是按六角形外脚手加挑脚手架计算。

3. 本表不包括上、下坡道及上料架用料。

3. 模板

（1）对钢筋混凝土筒壁及水箱支模，其每节高度内模宜为3～4 m，外模宜为1.5～2 m，每块宽度宜为0.8～1.2 m，具体尺寸应视筒壁直径和水塔高度而定。

（2）内外模的固定除依靠模板圈带使用木板条连成整体外，内模固定在筒壁内支撑架上，外模使用松紧调节器固定与收紧。

二、里脚手架施工

用里脚手架进行水塔施工是在塔身内搭设里脚手架，工人站在塔内平台上进行操作。塔身施工完成后利用里脚手架支水箱底模板，并在筒身上挑出三角形托架，进行下环梁的支模。水箱底、下环梁施工完成后，再在水塔内搭里脚手架或由水箱下面搭设挑脚手架，进行水箱壁、护壁及水箱顶的施工。

这种方法适用于砖筒身水塔的施工，上料架可架在筒身内，也可在筒身外搭设井架或在架顶挑横杆上料，施工安全可靠，水箱封底也较方便，比外脚手架节约脚手架，所以应用较为普遍。

1. 里脚手架的布置形式

一般常见的布置形式见表12—4。

表 12—4　　　　　　　　　里脚手架一般常见的布置形式

序号	布置形式	施工方法	简图	说明
1	上料架设在塔内，筒身水箱分别搭里脚手架	里脚手架及起重架分别支在已做完的钢筋混凝土地面及水箱底板上。水箱里脚手架上可设上料吊杆		1—筒壁井形上料架 2—筒壁里脚手架 3—三角托架 4—水箱里脚手架 5—上料吊杆 6—钢丝绳
2	上料架设在塔外，筒身水箱分别搭里脚手架	筒身及水箱分别搭投里脚手架，筒身、水箱底施工完后，再在水箱里搭设里脚手架，进行水箱壁及护壁施工。上料架搭在塔外，可搭单井架或双井架运送材料		1—筒壁里脚手架 2—三角托架 3—水箱里脚手架 4—上料井架 5—缆风绳 6—跳板

单元 12

2. 里脚手架的搭设方法

搭设里脚手架时应根据筒壁内直径的大小，首先确定拐角立杆的位置。内直径 3 ~ 4 m 时，一般用 4 根立杆；内直径 4 ~ 6 m 时，一般用 6 根立杆。确定拐角立杆位置时，使其距离筒内壁 20 cm 左右。确定里立杆时即可以此为准进行里脚手架的绑扎工作。

里脚手架及三角托架的布置方法见表 12—5。

表 12—5　　　　　　　　　里脚手架及三角托架的布置方法

序号	筒壁内直径（m）	立杆根数（根）	托架数量（个）	布置简图	说明
1	3 ~ 4	4	8		1—三角架 2—里架立杆 3—上料架横杆 4—上料架立杆 5—里架横杆

续表

序号	筒壁内直径（m）	立杆根数（根）	托架数量（个）	布置简图	说明
2	4～6	6	12	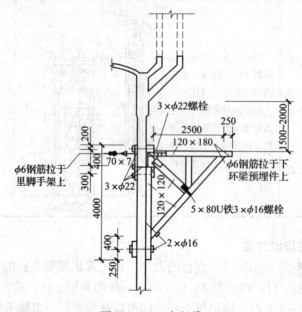	1—三角架 2—里架立杆 3—上料架横杆 4—上料架立杆 5—里架横杆

三角托架用于护壁下环梁支立及拆除模板，三角托架的构造及安装如图12—4所示，为了节约木材，三角托架也可以用钢材制作。

图 12—4　三角托架

3. 搭设里脚手架需用材料（见表12—6）

表12—6　　　　　　　　　　里脚手架需用材料参考

塔身直径（m）	水塔高度（m）	需要脚手杆、脚手板的规格、数量							
		$l=8$ m 杉杆（根）	$l=6$ m 杉杆（根）	$l=5$ m 杉杆（根）	$l=4$ m 杉杆（根）	$l=3$ m 杉杆（根）	$l=2$ m 小横杆（根）	$l=3$ m 脚手板（块）	三角托架（个/m³）
3～4	20	16	36	32	16	96	148	30	8/2.24
	24	20	44	36	24	108	172	30	8/2.24
	28	24	52	40	32	158	200	30	8/2.24

塔身直径(m)	水塔高度(m)	需要脚手杆、脚手板的规格、数量							
		$l=8$ m 杉杆(根)	$l=6$ m 杉杆(根)	$l=5$ m 杉杆(根)	$l=4$ m 杉杆(根)	$l=3$ m 杉杆(根)	$l=2$ m 小横杆(根)	$l=3$ m 脚手板(块)	三角托架(个/m³)
4~6	20	16	44	54	16	176	180	45	12/3.36
	24	20	58	68	24	240	210	45	12/3.36
	28	24	66	74	32	316	256	45	12/3.36

注：本表包括上料架用料在内，当上料架搭设在塔身内时，表中 $l=8$ m 的杆应将长度适当缩短，以便于从塔内拆出。

三、钢筋三角架脚手施工

用钢筋三角架进行水塔施工时，将钢筋三角架挂到筒身上，随着筒身的逐步升高，逐步倒换三角架脚手，就可以进行水塔的施工。此法适用于钢筋混凝土水塔或砖水塔的施工。上料可在塔身外另搭上料架，运输量不大时设上料横杆即可。这种方法使用的设备比较简单，能节省大量脚手架杆，而且能保证施工进度，尤其适用于建造小型水塔。

1. 钢筋三角架脚手的施工布置

（1）钢筋混凝土水塔用钢筋三角架脚手的施工布置如图12—5所示。

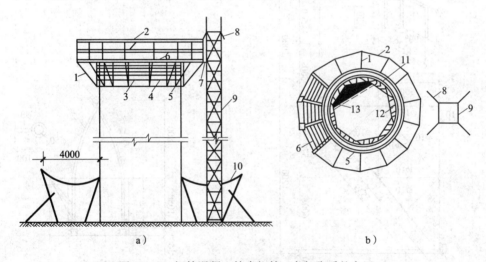

a)   b)

图12—5　钢筋混凝土筒身钢筋三角架脚手的布置

a）正立面图　b）平面图

1—钢筋三角架　2—栏杆　3—紧绳环　4—ϕ9 mm 钢丝绳　5—外模板　6—平台脚手板　7—跳板
8—上料架缆风绳　9—上料架　10—安全网　11—内模板　12—内模支撑　13—塔内安全网

（2）砖筒身水塔用钢筋三角架脚手施工的布置如图12—6所示。

2. 钢筋三角架脚手及钢管起重支架的构造

三角架采用钢筋焊制，其尺寸如图12—7a所示。

在使用前应检查焊缝及焊件情况，并经荷载试验认为合格后方可使用。

单元
12

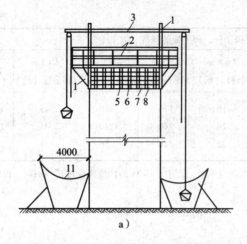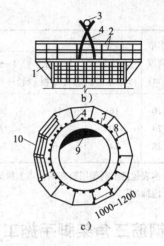

图 12—6　砖筒身钢筋三角架脚手的布置

a）正立面图　b）侧面图　c）平面图

1—钢筋三角架　2—栏杆　3—横杆　4—φ38 钢管支架　5—紧绳环　6—φ9 钢丝绳

7—50 mm×50 mm×1 200 mm 方垫木　8—带鼻垫木　9—塔内安全网　10—平台脚手板　11—塔外安全网

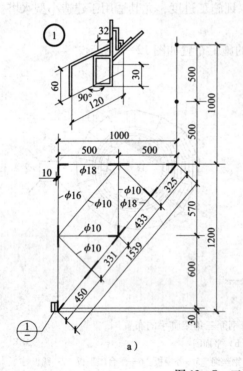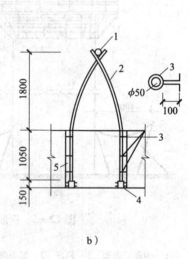

图 12—7　三角架及起重支架

a）三角架　b）钢管起重架

1—φ100～φ150 mm 横木　2—φ38 钢管支架　3—铁环（每边三个）

4—50 mm×50 mm×150 mm 垫木　5—50 mm×100 mm×1 200 mm 带鼻垫木

　　在没有井字架、龙门架，且运输量较小时，也可用简易的钢管起重支架，用钢管和圆木组成，其构造如图 12—7b 所示。

3. 用钢筋三角架脚手进行钢筋混凝土水塔施工

施工工序：检查工具及设备→支内模、钉支撑→校正内模→绑扎钢筋→校正钢筋位置→支外模→捆钢丝绳→校正外模→挂三角架→放脚手板→浇灌混凝土。

模板每三块为一组，宜用 45 mm 厚的红松或白松木板制作，其尺寸如图 12—8 所示。每节模板所需组数应按筒壁内、外直径大小配置，其中带鼻的外模板组数应与钢筋三角架个数相等。挂鼻选用高韧性铁制成，以免受力后开裂。

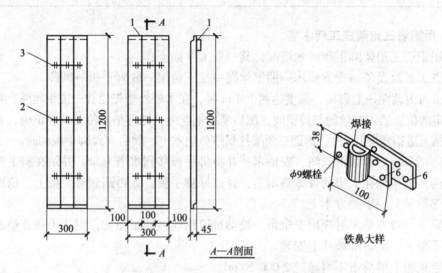

图 12—8 模板每三块为一组制作示意图
1—铁鼻 2—扣钉 3—φ6 mm 铁丝

内模随混凝土筒身逐渐升高而分层支立，每组模板的上下端各留公母企口，以便立模时将其底部的公榫插入下层模板的母槽中。为了加强内模稳定性，除内模支撑外，需另加直径方向的撑木。内模支完后应详细检查其位置是否正确，有无倾斜，模板组合是否紧密无缝等。

立外模时应特别注意带鼻模板，使其分布位置正确无误。

内外模之间加 8 号铅丝连接，在模板上端沿圆周方向每隔 1m 加塔头木一块，以保持内外模间距。

钢丝绳为绑扎外模板之用。每节模板需捆五道，上部两道，其余三道往下均布。捆绑次序为先捆上部一道，次捆下部一道，再捆中间两道及上部的另一道。每条绳上设置花篮螺丝，用以松紧钢丝绳。然后再用较短的脚手板放在三角架上即成为操作平台。

另外，需要制造软梯两个吊在构筑物顶部，用以拆模和检查工程质量。其劳动组织可参考表 12—7。

表 12—7   劳动组织

序号	工种	人数	工作内容
1	混凝土工	6	4 人捣固，2 人运混凝土（在水塔上）
2	木工	6	负责立、拆模板工作，内有架子工 2 人

单元
12

序号	工种	人数	工作内容
3	钢筋工	6	负责绑扎钢筋
4	起重工	3	包括卷扬机司机
5	普通工	6	地面上拌和混凝土及水平运输混凝土
	共计	27	

4. 用钢筋三角架施工砖水塔

使用钢筋三角架脚手砌砖水塔时，其一般工序如下：

检查工具及设备→安方垫木→捆钢丝绳→挂三角架→放脚手板→砌砖。

施工时由地面往上砌砖，高度达到 1.4 m 时，在水塔外壁先松绕一道钢丝绳，将方垫木按规定的位置插入钢丝绳与砖壁间，然后紧好钢丝绳，把方垫木位置调整正确（水塔每步也应捆五道钢丝绳），再将钢筋三角架挂到带鼻垫木上，然后安设脚手板砌砖。

砌完一步砖后再捆钢丝绳、安垫木，并将脚手板移到水塔上口，并站在脚手板上用钩子将两三角架挂在上步的带鼻垫木上，并放好脚手板，人再站到移架板上，依次将三角架全部移至上一步的方木上。

拆除下一步方垫木时应用安全带，松动每道钢丝绳的紧绳器，用钩子将方垫木吊到上层脚手架上，准备继续往上安装。

脚手架板上的荷重不得超过 2 000 N/m^2。

为了吊线方便，可将砌水塔时用的中线架在小栏杆上。

单元
12

四、提升式吊篮脚手施工

提升式吊篮脚手施工水塔是先在筒身内架设好金属井架，利用井架做高空支架，将吊篮脚手悬挂到井架上，吊篮在塔身外，工人站在外吊篮脚手上操作。每施工完一步架，用两个 2 t 倒链将吊篮提升一步，再继续进行施工。水箱底下环梁处留槎，最后进行池底混凝土施工。其上料架利用金属井架内设吊笼上料。因此，上料及操作平台可以用一个井架。这种施工方法适用于建造砖筒身水塔，具有施工方便、工人操作安全平稳、施工用地小、易于管理等优点。

1. 组装和施工顺序

提升吊篮脚手的组装示意图如图 12—9 所示。其施工顺序为：基础施工→搭设→圈外脚手架→筒身砌砖高 4 m→筒内设置塔架垫木、搭设井架到需要高度→安装套架及吊篮→挂倒链提升吊篮→筒身砌砖→环梁支模浇灌混凝土→池壁及护壁施工→降低井架→封顶→落吊篮→拆部分井字架→池底支模及浇灌混凝土（由池顶设临时拔杆运料）→拆除模板→拆井架。

2. 设备及构造

（1）塔架。平面尺寸 115 cm × 115 cm，四角一般用 L 63 × 6 角钢分段连接，每段高度 2 m。螺栓用 ϕ16 mm，连结板用 6 ~ 8 mm 厚钢板，底座用 4 根 L 100 × 10 角钢组成，斜杆及水平抛杆用 L 50 × 5 角钢组成。

（2）提升架。平面尺寸为 120 cm × 120 cm、四角用 L 75 ×8 角钢连接，高度为 2 m，水平抛杆及斜杆用 L 63 ×6 角钢。提升架四角用 8 个直径 10 cm 固定滑轮，使用时卡在井架四角不许移动。提升架下端挑出 8 根 ［ 8 槽钢，用 φ14 mm 拉绳（或拉杆）与提升架上端连接。挑梁及拉绳与提升架用卡环连接。每根挑梁槽钢上挂下两根 φ12 mm 吊杆。吊杆可沿挑梁滑移，用以调整直径大小满足水箱施工的需要。

（3）操作平台。矩形、扇形脚手板数量各半。扇形板两端固定在吊杆上；矩形板一头固定，一头搭在扇形板上，可滑动以调节直径。平台四周设置活动栏杆和安全网。

（4）上料系统。根据塔架平面尺寸及上料滑道确定吊笼平面尺寸，并由塔上铺接料平台。接料平台可用两根 ［ 8 槽钢做横梁，吊挂固定在提升架上，随升随用。

3. 搭设和拆除

（1）架设塔架。先安好底座，按分段（每段 2 m）竖立角钢，并以水平支撑连接牢固。当砌筑高度超过外脚手架（4 m）后，即用 φ6 mm 钢筋与筒壁固定，一次架设到需要高度，然后拉好缆风绳。

（2）吊篮安装。利用 4 m 高的外脚手在塔架上安好提升架，在提升架下端安置挑梁槽钢及拉杆，再安放吊篮吊杆，铺设操作平台，要注意脚手板的固定和搭接。安装栏杆及安全网，铺设好接料平台，挂好倒链即可提升，每次提升以 1.2 m 为宜。

（3）塔架及吊篮拆除。其拆除程序为：操作平台板→吊杆→接料平台→ ［ 8 槽钢挑梁→吊篮拉绳→提升架→塔架拆除。其中拆塔架以上工序均利用塔架上增加滑轮分件由筒外卸下。拆塔架则利用本身架子做支架，在筒身内逐节卸下。

五、提模施工

提模施工水塔，是先在筒身内架设好提升架，在架上挂好内吊盘做操作平台。内外模板均各由四扇金属板组成。内模由绞车提升（随吊盘上升），外模由四个 3 t 倒链提升。筒身、下环梁、池壁施工完后，再施工水箱底。

这种施工方法适于建造钢筋混凝土筒身的水塔。上料吊笼设在金属提升井架内。这

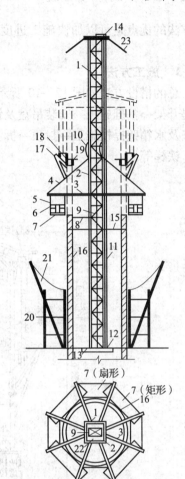

图 12—9 提升吊篮脚手的组装
1—塔架 2—提升架 3—挑梁 4—拉杆
5—吊杆 6—栏杆 7—脚手板 8—接料台
9—吊笼 10—倒链 11—上料钢丝绳
12—地滑轮 13—塔架垫木 14—顶滑轮
15—φ6 mm 固定架子 16—筒身
17—环梁模板 18—环梁 19—池底留槎
20—4 m 高脚手架 21—安全网
22—滑道 23—缆风绳

种方法的优点是可以加快施工进度，提高工效，而且操作比较安全，设备比较容易解决。

1. 施工方法

总的搭设方法如图12—10所示。其施工顺序为：挖基础土方→提升架基础→组、立提升架→基础施工→安装吊盘及钢模→筒身提模法施工→环梁支木模浇灌混凝土→砌护壁及水箱壁提模施工→封顶→拆上部提升塔→封底→拆下部提升塔→落吊盘、安装管路、铁梯等。

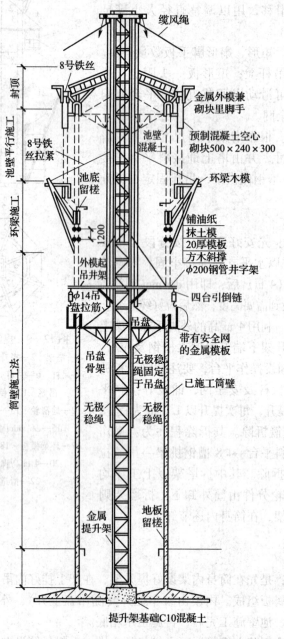

图12—10　提模法施工搭设方法

整个施工过程除环梁处支木模外，其余均是提模施工。外模由四扇钢模组成，上部用四颗松紧螺丝，下部用ϕ12.5 mm钢丝绳捆紧，用一颗松紧螺丝控制，四扇钢模由四台倒链拉动提升。内模同样由四扇钢模组成，接头共由8颗松紧螺丝控制。内模由绞车提升（随吊盘上升）。内、外模每次提升一定高度后（模板高宜为75 cm，夹住下部混凝土5 cm，灌筑混凝土70 cm），将提升塔内小料斗提至超过吊盘位置，然后挂垂球找正中心及水平，调整内外模松紧螺丝，并将螺丝紧好即可灌筑混凝土。

2. 施工设备

单筒卷扬机（JJK－2型）2台，1.2 kW振捣棒4台（2台备用），3 t倒链4台。其余吊盘、模板等分述于下：

（1）吊盘。吊盘骨架由8榀L–1金属桁架和4根Q–1角钢撑组成。围绕提升塔用[75槽钢和ϕ14 mm拉筋，根据筒身内径大小做成圆形工作吊盘，如图12—11所示。吊盘采用两点提升，由ϕ12.5 mm钢丝绳提动。

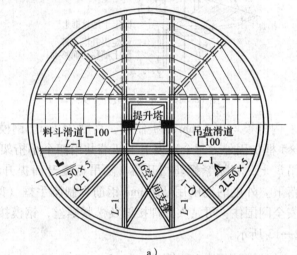

a）

单元
12

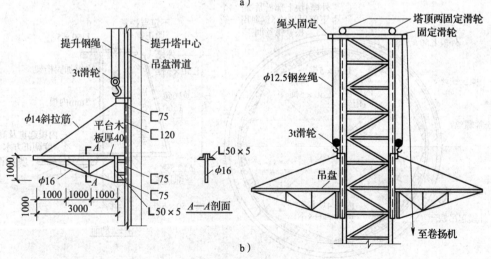

b）

图12—11　圆形工作吊盘

a）工作吊盘平面　b）工作吊盘安装与提升示意图

（2）外模起吊井字架。由四根 φ200 mm 钢管组成，钢管由两根 ⊏100 槽钢支撑，下部用槽钢支撑在吊盘框上。井字架随吊盘升降。井架四角各挂 3 t 倒链一台以提升外模。井架四角设四根无极绳以承担倒链的作用力，如图 12—12 所示。

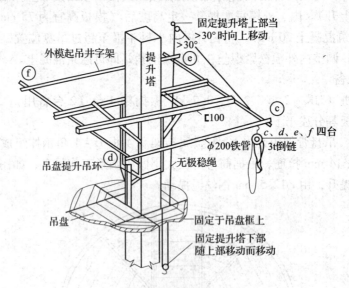

图 12—12　外模起吊井字架

（3）金属模板。内外模均用 3 mm 钢板制作，高度 75 cm。钢模上下用 ∟50×5 框加固，内模除 ∟50×5 框加固外，每个钢模上下两端共用四个小桁架加固，以增强钢模刚度。内模浮置在吊盘上，将松紧螺丝松开后，随吊盘提升而提升。当松紧螺丝紧好后，吊盘仍可自由落下。外模的周围用 φ16 mm 钢筋焊制脚手框（间距 1.2～1.5 m），下铺木板，周围用安全网围住，可站人处理接缝及松紧螺丝，钢模接头的松紧范围为 6 cm，其构造如图 12—13 所示。

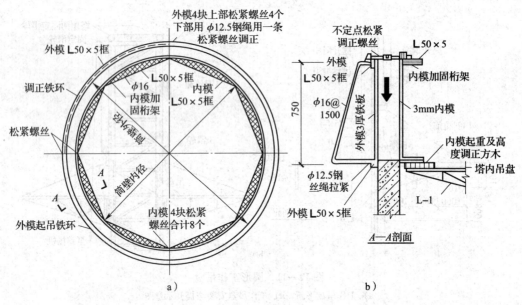

a)　　　　　　　　　　　b)

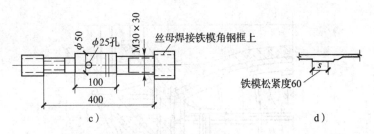

图 12—13　金属模板构造

a）平面　b）剖面　c）松紧螺丝　d）铁模接头

（4）吊笼。吊笼设在提升塔内，规格按井架内孔大小设计，顶部设有安全抱刹。

3.注意事项

吊盘提升以电话或电铃联系。吊盘升到作业高度后通过卷扬机打死闸，临时保险绳扣将吊盘缚于铁塔上，并把无极绳固定好方可进行操作。

六、水箱底及护壁下环梁（大锥底）支模方法

在水塔施工中，水箱底及大锥底的支模法，常用的有如下几种：

1.里架支模

当筒壁混凝土强度达到设计强度的 50% 后，其模型和松紧调整器应保持不动，作为下环梁外模底端的支点。

先将下环梁外模拼装成整体，并使用 $\phi 8$ mm 松紧调整器加以箍紧，设置下环梁支撑木，支撑的下端在筒壁模型带上支牢固，上端承托在下环梁外模的带木上（两块模型接缝处），两端均以钉子固定，每块模型设置三根支撑木，沿环梁均匀分布。

下环梁内模采用 $\phi 22$ mm 短钢筋作支撑，每块模板两根，支撑钢筋与环梁内的钢筋绑扎在一起不再取出，如图 12—14 所示。

采用里架支模时，护壁下环梁（大锥底）也可用下述方法进行支模：外模可由 24 块扁形板拼成一个倒伞形模板。先用四根钢丝绳将伞形骨架箍紧，再在骨架上铺钉模板，其中一半模板待起吊固定好后再铺钉，以减轻重量。在接触筒壁的模板上增加 24 个小滑轮，以减少摩擦。提升时，除由四根钢丝绳通过大架顶端的滑车架用人工卷扬机起吊外，需再增设四根钢丝绳，各由 10 kN 链滑车吊拉。模板升到要求位置后，将骨架上端用木拉杆，中间用钢丝绳固定在里脚手大架上，下端支撑在筒壁 24 块托木上（托木放入角钢中）用 48 个 $\phi 24$ mm 螺栓伸过筒壁预留的铁管孔与筒壁固定，如图 12—15 所示。

水箱底模型，支撑在里架平台上，可与下环梁模板同时支好，池底和下环梁同时浇灌混凝土。当采用提升倒伞形模板进行护壁下环梁支模时，水箱底可另行支模封底。

2.挑砖支模

这种方法适用于砖砌塔身的施工。其施工方法为环梁支模先由预留孔中用螺栓将环梁三角架固定，钢丝绳绷紧，在其上支环梁模板。环梁内模可用钢筋支起，上口用卡子固定。环梁模板支完后，进行水箱底支模，先在筒内壁挑出的砖上放好垫木，再放上搁

单元

12

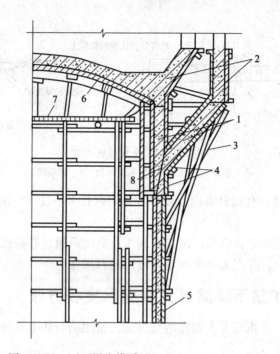

图 12—14　下环梁内模采用 φ22 mm 短钢筋支撑法
1—第一次立模灌筑　2—第二次立模灌筑　3—下环梁撑木　4—松紧调整器
5—筒壁已灌筑部分　6—水箱底伞形模型架　7—平台　8—钢筋支撑

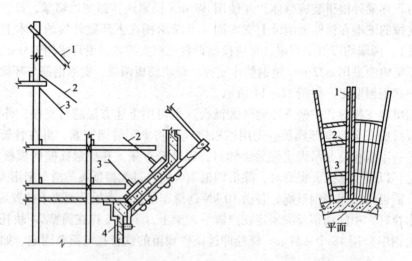

平面

图 12—15　采用里架支模时护壁下环梁（大锥底）架体及模板固定方法
1—木拉杆　2、3—拉筋　4—φ24 mm 固定螺栓

栅（或小桁架），立支柱及池底壳形搁栅，钉池底壳形模板即可，如图 12—16 所示。
上料应视水箱情况而定，如果是带心环的水箱，支水箱底模时应留出上料孔，用两根
φ6 mm 钢筋拉至地面作导轨，材料由中心环往上吊。较小的水箱无中心环时，可将材
料吊至水箱底下的平台上，再从外面的爬梯平台往上运送。如果水箱较大、用料较多，
则宜在水塔外另设一座上料架上料。

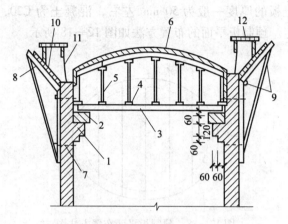

图 12—16　挑砖支模

1—挑三行砖　2—60 mm 厚垫木　3—大搁栅　4—横楞　5—立柱　6—池底伞形模板　7—固定螺丝
8—环梁三角架　9—箍紧钢丝绳　10—环梁模板　11—支模钢筋撑　12—卡子

3. 留孔支模

留孔支模是在筒身施工时，在离水箱底适当高度的筒壁上留出若干个孔洞。在进行水箱底支模时，先将方木（或可伸缩的支模桁架）穿入预留孔洞中，铺上跳板，成为操作或支承水箱底模立柱的平台，即可按以上介绍的几种方法进行大锥底及水箱底的支模工作。

4. 预埋铁件支模

预埋铁件支模适合于钢筋混凝土筒身水塔的施工。该方法是在施工筒身时，在离水箱底适当高度的筒壁上预埋若干铁件，即埋置一些钢牛腿，在进行水箱底支模时，利用钢牛腿作支承点，放上方木或桁架，即可进行水箱底的支模工作。

5. 水箱底预制钢筋混凝土板支模

这种方法是在筒壁施工中预埋钢牛腿，牛腿上搁置预制的钢筋混凝土圈梁，然后在圈梁上搁置钢筋混凝土预制板当作水箱底模板，上面直接浇灌水箱底混凝土，如图 12—17 所示。

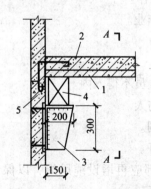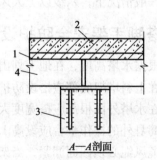

图 12—17　在预埋钢牛腿上搁置预制的钢筋混凝土圈梁

1—C20 预制钢筋混凝土板　2—捣制水箱底　3—钢牛腿每 1 500～2 000 mm 一个，钢板厚 10 mm
4—预制钢筋混凝土梁　5—塔身

预制钢筋混凝土板的厚度一般为 50 mm 左右，混凝土为 C20，板宽为 500 mm 左右，钢筋按计算确定。预制板平面的布置方法如图 12—18 所示。

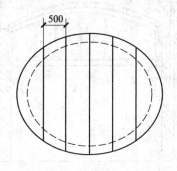

图 12—18　预制板平面布置方法图

第三节　水塔脚手架安全措施

→ 掌握水塔脚手架安全措施一般要求
→ 掌握水塔脚手架安全防护设施
→ 掌握架子的搭设和拆除的安全注意事项

单元
12

一、水塔脚手架安全措施一般要求

（1）高空作业人员必须进行体格检查，不合格者不得进行高空作业。

（2）高空操作人员要系安全带，下面作业人员应戴安全帽。

（3）每班操作前要仔细检查架杆、架板、升降设备、绳索、滑车、缆风绳、制动设备等是否完好，发现问题应及时修好后才能上人操作。

（4）一般情况下，六级以上大风不宜进行高空作业。

二、水塔脚手架安全防护设施

（1）根据水塔高度，在地上划出禁区，非操作人员不得入内。

（2）在上料塔架底部应搭设防护棚，以防落物伤人。

（3）在水塔外面根部应搭宽度大于 4 m 的安全网。

（4）筒身外的操作平台应设高 1.2 m 的防护栏杆。

（5）缆风绳必须四面棚紧，当架子较高时，中部应再增设缆风绳，以保证架身稳定。

（6）垂直运输料具及联系工作时必须有联系讯号，并有专人指挥。

（7）塔架或脚手架高度超过 10 m 时应设避雷针。

三、架子搭设和拆除的安全注意事项

（1）脚手架杆、架材的质量要符合使用要求，有腐朽、折裂、虫蛀、枯节及易断者均不得使用。

（2）绑扎必须牢固，大风雨后要检查架子是否变形，发现问题要及时处理或加固。

（3）拆除脚手架应自上而下进行，禁止数层同时拆除，当拆除某一部分时，应防止其他部分坍落。

（4）栏杆、梯子应与整体配合拆除，不得先拆。

（5）承重的立柱、横杆要等它所承担的全部结构拆掉后才可拆除。

单元测试题

一、填空题（请将正确的答案填写在横线上方空白处）

1. 在布置水塔外脚手架时，要考虑顶部水箱直径的大小。一般从接近水箱底面处开始搭设挑脚手或将里立杆外移，立杆离水箱壁的距离保持_____ cm 左右，以便水箱施工。

2. 水箱底及护壁下环梁（大锥底）支模方法有：_____、_____、_____、_____、_____。

二、判断题（下列判断正确的请打"√"，错误的请打"×"）

1. 水塔外脚手架施工是用外脚手架进行水塔施工，是在筒身外部搭设双排脚手架。操作人员在外架的脚手板上操作。水箱部分施工时可用挑脚手架或放里立杆的脚手架。（　　）

2. 水塔外脚手架可搭设成正方形或多边形。正方形每边立杆一般为 12 根；六角形每边里排立杆一般为 3~4 根，外排立杆一般为 5~6 根。（　　）

3. 用里脚手架进行水塔施工是在塔身内搭设里脚手架，工人站在塔内平台上进行操作。塔身施工完成后，利用里脚手架支水箱底模板，并在筒身上挑出三角形托架，进行下环梁的支模。（　　）

4. 用钢筋三角架进行水塔施工时，将钢筋三角架挂到筒身上，随着筒身的逐步升高，逐步倒换三角架脚手就可以进行水塔的施工。此法适用于砖水塔的施工。（　　）

5. 提升式吊篮脚手施工水塔是先在筒身内架设好金属井架，利用井架做高空支架，将吊篮脚手悬挂到井架上，吊篮在塔身外，工人站在外吊篮脚手上操作。每施工完三步架，用两个 2 t 倒链将吊篮提升一步，再继续进行施工。（　　）

6. 提模施工水塔是先在筒身内架设好提升架，在架上挂好内吊盘作操作平台。内外模板均各由四扇金属板组成。内模由绞车提升（随吊盘上升），外模由四个 3 t 倒链提升。筒身、下环梁、池壁施工完成后再施工水箱底。（　　）

7. 提模施工水塔的施工方法适于建造钢筋混凝土筒身的水塔。（　　）

三、简答题

1. 水塔外脚手架搭设有哪些基本要求？

2. 简述用钢筋三角架脚手施工钢筋混凝土水塔的工序。

3. 简述提升吊篮水塔脚手施工顺序。

4. 提升式吊篮水塔脚手主要包含哪些设备及构造？

5. 简述提模施工水塔施工顺序。

6. 水塔脚手架安全措施一般有哪些要求？

7. 水塔脚手架安全防护应当有哪些设施？

单元测试题答案

一、填空题

1. 50　2. 里架支模　挑砖支模　留孔支模　预埋铁件支模　水箱底预制钢筋混凝土板支模

二、判断题

1. √　　2. ×　　3. √　　4. ×　　5. ×　　6. √　　7. √

三、简答题

答案略。

单元
12

理论知识模拟试卷样例

一、填空题（请将正确的答案填写在横线空白处，每题1分，共30分）

1. 每块脚手板的重量不宜大于_____。

2. 滑轮的摩擦力系数根据轴承形式而定，一般滚动轴承为_____，滑动轴承为_____。

3. 在卷扬机正前方应设导向滑轮。导向滑轮至卷筒轴线的距离应不小于卷筒宽度的_____倍，即倾斜角不大于_____，以免钢丝绳与导向滑轮槽缘产生过分的磨损。

4. 缆风绳直径应由计算确定且不得小于9.3 mm，提升机高度在20 m以下时，缆风绳_____；提升机高度在20~30 m时，缆风绳不少于_____。无论采用附墙架还是缆风绳，井架的自由端高度不应超过_____ m，否则需采用附加顶部缆风绳的做法进行加固。

5. 浸油的白棕绳不容易腐烂，不怕水侵蚀，但是料质变硬，不容易弯曲，而且强度比不浸油的白棕绳低_____。

6. 钢丝绳的接头编制方法有两种，_____和利用_____连接。这两种方法在脚手架工程中应用很广。

7. 通常用的钢丝绳夹头有_____、_____和_____三种，其中_____式连接力最强，应用也最广；_____其次，_____由于没有底座，容易损坏钢丝绳，连接力也差，因此只用于次要的地方。

8. 距离丈量的主要工具是钢尺，常用的钢尺有_____两种。

9. 施工现场的临建房屋、施工架空线路和高度不小于12 m的机械设备、在建金属结构和金属脚手架均应处在避雷设施的保护范围_____。

10. 操作层上的荷载不准超过以下数值：砌筑脚手架_____ kN/m²；装修脚手架_____ kN/m²。

11. 防护设施边沿与外电架空35 kV线路的边线之间的最小安全距离为_____ m。

12. 周边交圈设置的单、双排木、竹脚手架和扣件式钢管脚手架，当架高为6~25 m时，应于外侧面的两端和其间按_____的中心距并自下而上连续设置剪刀撑；当架高大于25 m时，应于外侧面_____剪刀撑。

13. 剪刀撑的斜杆与水平面的交角宜在_____之间，水平投影宽度应不小于两跨或4 m和不大于4跨或8 m。

14. 搭接杆件接头长度：扣件式钢管脚手架应不小于0.8 m；木、竹脚手架应不小于搭接杆段平均直径的8倍和1.2 m。搭接部分的结扎应不少于_____道，且结扎点间距应_____ m。

15. 扣件式脚手架钢管宜采用 φ_____钢管。每根钢管的最大质量不应大于25.8 kg。

16. 脚手板的厚度不宜小于_____ mm，宽度不宜小于200 mm，单块脚手板的质量不宜大于_____ kg。

17. 常用密目式安全立网_____的设计尺寸要求双排脚手架搭设高度不宜超过 50 m，高度超过 50 m 的双排脚手架应采用分段搭设等措施。

18. 常用密目式安全立网_____的设计尺寸要求单排脚手架搭设高度不应超过 24 m。

19. 两根相邻纵向水平杆的接头不应设置在_____；不同步或不同跨两个相邻接头在水平方向错开的距离不应小于 500 mm；各接头中心至最近主节点的距离不应大于纵距的 1/3。

20. 脚手架立杆基础不在同一高度上时，必须将高处的纵向扫地杆向低处延长_____与立杆固定，高低差不应大于 1m。靠边坡上方的立杆轴线到边坡的距离不应小于 500 mm。

21. 单、双排脚手架底层步距均不应大于_____ m。

22. 碗扣式钢管脚手架的斜杆应尽量布置在_____，对于高度在 30 m 以下的脚手架，可根据荷载情况设置斜杆的面积为整架立面面积的_____；对于高度超过 30 m 的高层脚手架，设置斜杆的框架面积要不小于整架面积的_____。在拐角边缘及端部必须设置斜杆，中间可均匀间隔布置。

23. 对于 30 m 以下的碗扣式钢管脚手架，中间可_____廊道斜杆；对于 30 m 以上的碗扣式钢管脚手架，每隔 5~6 跨设置一道沿全高设置连续设置的廊道斜杆。

24. 门式脚手架搭设高度超过 12 m 时，在脚手架的周边和内部纵向、横向间隔不超过_____ m 应设置连续竖向剪刀撑；在顶层和竖向每隔 4 步应设置连续的水平剪刀撑。

25. 门式脚手架的竖向剪刀撑应由_____连续设置。

26. 木杆脚手架杆件搭接接长采用顺扣，搭接长度应不小于_____倍平均直径或_____ m，绑扎不少于 3 道，间距不小于_____ m。

27. 木脚手架杆件连接绑扎时，当杆件垂直相交时可采用_____。

28. 挑梁式爬升脚手架是目前应用面较广的一种爬架，种类很多，基本构造由_____三部分组成。

29. 拼装式桥式脚手架立柱不能立在松软的土层上，地面应_____并高出附近地面以防积水下沉。各立柱位置的地面标高应一致，高低差不大于_____ cm。当因条件限制不能达到一致时，高差应按格构柱的分格模数来控制。

30. 烟囱每砌完_____ m 左右必须用经纬仪检查一次_____，用此点与锤球直接引测所得中心点相比较，以做校核，其烟囱中心偏差一般不应超过所砌高度_____。

二、判断题（下列判断正确的请打"√"，错误的请打"×"，每小题 1 分，共 25 分）

1. 套环装置在钢丝绳端头，可以使钢丝绳在弯曲处呈弧形，不易折断。　　（　　）
2. 花篮螺丝的规格要根据钢丝绳的直径来选用。　　（　　）
3. 滑车的允许荷载根据滑轮和轴的直径确定，一般滑车上没有标明。　　（　　）
4. 卷扬机必须用地锚予以固定，以防工作时机体产生滑动或倾覆。　　（　　）

5. 电梯井口根据具体情况设防护栏或固定栅门与工具式栅门，电梯井内每隔两层或最多 10 m 设一道安全立网，也可以按当地习惯在井口设固定的格栅或采取砌筑坚实的矮墙等措施。　　　　　　　　　　　　　　　　　　　　　　　　　　（　　）

6. 钢管桩、钻孔桩等桩孔口，柱型条型等基础上口，未填土的坑、槽口，以及天窗、地板门和化粪池等处不需要做安全防护。　　　　　　　　　　　　（　　）

7. 在架高 20 m 以下采用双立杆和架高 50 m 以上采用部分卸载措施。（　　）

8. 架高 60 m 以上采用分段全部卸载措施。　　　　　　　　　　　（　　）

9. 当架高不小于 20 m，脚手架安全技术规范没有给出构架尺寸规定时，应当按设计确定架体尺寸。　　　　　　　　　　　　　　　　　　　　　　　　（　　）

10. 结构脚手架施工荷载的标准值取 3 kN/m²，允许不超过 4 层同时作业。
　　　　　　　　　　　　　　　　　　　　　　　　　　　　　　　（　　）

11. 装修脚手架施工荷载的标准值取 2 kN/m²，允许不超过 5 层同时作业。
　　　　　　　　　　　　　　　　　　　　　　　　　　　　　　　（　　）

12. 扣件式脚手架钢管不能涂刷防锈漆。　　　　　　　　　　　　　（　　）

13. 扣件式脚手架钢管上严禁打孔，钢管有孔时不得使用。　　　　　（　　）

14. 扣件在螺栓拧紧扭力矩达到 85 N·m 时不得发生破坏。　　　　　（　　）

15. 碗扣式钢管脚手架碗扣接头可同时连接 6 根横杆，可以相互垂直或偏转一定角度。　　　　　　　　　　　　　　　　　　　　　　　　　　　　　　（　　）

16. 碗扣式钢管脚手架的破坏一般由横向框架失稳所致，因此，在横向框架内设置斜杆即廊道斜杆，对于提高脚手架的稳定强度尤为重要。　　　　　　　（　　）

17. 不同型号的门架与配件允许混合使用。　　　　　　　　　　　　（　　）

18. 上下榀门架立杆应在同一轴线位置上，门架立杆轴线的对接偏差不应大于 20 mm。　　　　　　　　　　　　　　　　　　　　　　　　　　　　　（　　）

19. 外挑脚手架立杆的底部应与挑梁可靠连接固定。一般可采用在挑梁上焊短钢管，将立杆套入顶紧后使用 U 形销使其连接固定，亦可采用螺栓连接方式。（　　）

20. 外挂脚手架在地面上组装，用手动工具（倒链、手扳葫芦、手摇提升器、滑轮等）升降。手动工具的挂置点可利用钢筋混凝土柱子上的预留孔或预埋钢筋环作为临时支架。　　　　　　　　　　　　　　　　　　　　　　　　　　　（　　）

21. 型钢式横梁一般采用工字钢或槽钢制作。　　　　　　　　　　　（　　）

22. 互爬式爬升脚手架适用于框架或剪力墙结构的高层建筑。　　　　（　　）

23. 导轨式爬升脚手架适用于框架或剪力墙结构的超高层、高层建筑，特别是一些结构复杂的建筑。　　　　　　　　　　　　　　　　　　　　　　　　（　　）

24. 桥架长度在 16 m 以内的为短桥架；超过 16 m 的为长桥架。　　（　　）

25. 桥式脚手架操作人员不得攀登立柱上下，一律从楼层窗洞设置的木梯登上桥架。　　　　　　　　　　　　　　　　　　　　　　　　　　　　　　（　　）

三、单项选择题（下列每题的选项中，只有 1 个是正确的，请将正确答案的代号填在横线空白处，每小题 1 分，共 5 分）

1. 使用白棕绳穿绕滑车时，滑车的直径要比绳子的直径大_____倍，以免绳子因受较大的弯曲力而降低强度。

    A. 5　　　　　B. 10　　　　　C. 15　　　　　D. 20

2. 钢丝绳选用夹头时应使其 U 形环的内侧净距比钢丝绳直径大＿＿＿＿＿＿＿ mm，太大了卡扣连接卡不紧，容易发生事故。

    A. 1～2　　　　B. 1～3　　　　C. 1～4　　　　D. 1～5

3. 凡在坠落高度基准面＿＿＿＿＿＿＿ m 以上（含 2 m）有可能坠落的高处进行的作业均称为高处作业。

    A. 1　　　　　B. 2　　　　　C. 3　　　　　D. 4

4. 在施工现场，当作业中工作面的边沿没有围护设施或围护设施的高度低于＿＿＿＿＿＿＿ cm 时，这类作业称为临边作业。

    A. 60　　　　　B. 80　　　　　C. 100　　　　　D. 120

5. 短边边长为＿＿＿＿＿＿＿ cm 的洞口必须设置以扣件扣接钢管而成的网络，并在其上满铺竹笆或脚手板。也可采用贯穿于混凝土板内的钢筋构成防护网，钢筋网络间距不得大于 20 cm。

    A. 50～150　　B. 80～180　　C. 110～210　　D. 150～250

四、多项选择题（下列每题的选项中，至少有两个是正确的。请将其代号填写在横线上，每小题 1 分，共 20 分）

1. 常用的脚手板有＿＿＿＿＿＿＿等，施工时可根据各地区的材源就地取材选用。

    A. 木质脚手板　　　　　　　　　　B. 冲压钢脚手板

    C. 钢木脚手板　　　　　　　　　　D. 竹串片板和竹笆板

2. 钢脚手板的连接方式有＿＿＿＿＿＿＿。

    A. 挂钩式　　　B. 插孔式　　　C. U 形卡式　　　D. S 形卡式

3. 脚手板铺设形式有＿＿＿＿＿＿＿。

    A. 对头铺设　　B. 绑扎铺设　　C. 搭接铺设　　D. 交叉铺设

4. 安全网由＿＿＿＿＿＿＿构成。

    A. 网体　　　　B. 边绳　　　　C. 系绳　　　　D. 筋绳

5. 脚手架有可能出现的乱改乱搭情况有：＿＿＿＿＿＿＿。

    A. 任意改变构架结构及其尺寸

    B. 任意改变连墙件设置位置、减少设置数量

    C. 在不符合要求的地基和支持物上搭设

    D. 不按质量要求搭设，立杆偏斜，连接点松弛

6. 脚手架有可能出现的乱用情况有：＿＿＿＿＿＿＿。

    A. 随意增加上架的人员和材料，引起超载

    B. 任意拆去构架的杆配件和拉结

    C. 搭设和拆除作业不按规定使用安全防护用品

    D. 在架上搬运超重构件和进行安装作业

7. 脚手架的验收和日常检查规定＿＿＿＿＿＿＿。

    A. 搭设完毕后

B. 在遭受暴风、大雨、大雪、地震等强力因素作用之后

C. 连续使用达到 6 个月

D. 施工中途停止使用超过 15 天，在重新使用之前

8. 扣件式钢管脚手架之间的连接扣件有_____。

    A. 直角扣件   B. 旋转扣件   C. 对接扣件   D. 底座

9. 作业层、斜道的栏杆和挡脚板的搭设应符合_____要求。

    A. 栏杆和挡脚板均应搭设在外立杆的内侧

    B. 上栏杆上皮高度应为 1.2 m

    C. 挡脚板高度不应小于 180 mm

    D. 中栏杆应居中设置

10. 扣件安装应符合_____要求。

    A. 扣件规格应与钢管外径相同

    B. 螺栓拧紧扭力矩不应小于 40 N·m，且不应大于 65 N·m

    C. 在主节点处固定横向水平杆、纵向水平杆、剪刀撑、横向斜撑等用的直角扣件、旋转扣件的中心点的相互距离不应大于 150 mm

    D. 对接扣件开口应朝上或朝内

11. 碗扣式钢管脚手架整架检验应当在_____阶段进行检查验收。

    A. 每搭设 10 m 高度

    B. 达到设计高度

    C. 遇有 6 级及以上大风和大雨、大雪之后

    D. 停工超过一个月恢复使用前

12. 碗扣式钢管脚手架整架检验主要内容_____。

    A. 基础是否有不均匀沉陷

    B. 检验全部节点的上碗扣是否锁紧

    C. 立杆垫座与基础面是否接触良好，有无松动或脱离情况

    D. 连墙撑、斜杆及安全网等构件的设置是否达到了设计要求

13. 门式钢管脚手架在使用过程中应对_____项目进行检查。

    A. 加固杆、连墙件应无松动，架体应无明显变形

    B. 锁臂、挂扣件、扣件螺栓应无松动

    C. 地基应无积水，垫板及底座应无松动，门架立杆应无悬空

    D. 应无超载使用

14. 在门式脚手架搭设质量验收时，应具备_____文件。

    A. 按要求编制的专项施工方案

    B. 构配件与材料质量的检验记录

    C. 安全技术交底及搭设质量检验记录

    D. 门式脚手架分项工程的施工验收报告

15. 木、竹脚手架是由木杆或竹杆_____绑扎而成。

    A. 铁丝   B. 麻绳   C. 棕绳   D. 竹篾

16. 竹材的生长期可据其内外观进行鉴别的方法是_____。

    A. 生长期 3 年以上、7 年以下的竹材，其皮色在下山时呈冬瓜皮色

    B. 隔一年成老黄色或黄色

    C. 竹节不突出，近节部分凸起呈双箍

    D. 劈开时较老，篾条基本挺直

17. 外挂架挑梁（架）挂置点的设置方法_____。

    A. 在混凝土柱子内预埋挂环   B. 在混凝土柱子上设置卡箍

    C. 在墙体内安设钢板   D. 在墙体内安设钢筋

18. 套管式爬升脚手架的基本结构包含_____。

    A. 升降框   B. 横杆   C. 脚手板   D. 安全网

19. 套管式爬升脚手架性能特点_____。

    A. 结构简单，便于掌握   B. 造价低廉，经济实用

    C. 只能组装单片或大片爬升脚手架   D. 爬升速度快

20. 碗扣式钢管脚手架整架检验主要内容_____。

    A. 基础是否有不均匀沉陷

    B. 检验全部节点的上碗扣是否锁紧

    C. 立杆垫座与基础面是否接触良好，有无松动或脱离情况

    D. 连墙撑、斜杆及安全网等构件的设置是否达到了设计要求

五、简答题（每题 5 分，共 20 分）

1. 扣件式钢管脚手架连墙件的布置应符合哪些规定？

2. 扣件式钢管脚手架立杆的对接、搭接应符合哪些规定？

3. 简述碗扣式钢管脚手架的组装注意事项。

4. 门式脚手架通道口加固措施应符合哪些规定？

理论知识模拟试卷样例答案

一、填空题

1. 30 kg　2. 1.02　1.04～1.06　3. 15　2°　4. 一组　两组　6　5. 10%～20%
6. 插编　卡扣　7. 骑马式　压板式　拳握式　骑马　压板式　拳握式　8. 30 m、
50 m　9. 之内　10. 3　2　11. 25　12. 不大于15 m　满设　13. 45°～60°　14. 两
不大于0.6　15. 48.3×3.6　16. 50　30　17. 全封闭式双排脚手架　18. 全封闭式
单排脚手架　19. 同步或同跨内　20. 两跨　21. 2　22. 框架节点上　1/5～1/2　1/2
23. 不设　24. 8　25. 内侧立杆　26. 8　1.2　0.6　27. 平插十字扣或斜插十字扣
连接绑扎　28. 脚手架、爬升机构和提升系统　29. 平整夯实　2　30. 10　中心
1/1 000

二、判断题

1. √　　2. √　　3. ×　　4. √　　5. ×　　6. ×　　7 ×　　8. ×
9. √　　10. ×　　11. ×　　12. ×　　13. √　　14. ×　　15. ×　16 √
17. ×　　18. ×　　19. √　　20. √　　21. √　　22. √　　23. √　24. ×
25. √

三、单项选择题

1. B　　2. B　　3. B　　4. B　　5. A

四、多项选择题

1. ABCD　　2. ABC　　3. AC　　4. ABCD　　5. ABCD　　6. ABCD
7. ABCD　　8. ABC　　9. ABCD　10. ABCD　　11. ABCD　12. ABCD
13. ABCD　14. ABCD　15. ABCD　16. ABCD　17. ABC　　18. ABCD
19. ABC　　20. ABCD

五、简答题

答案略。

操作技能模拟试卷样例

一、考核内容

搭设砌筑用双排脚手架，脚手架外形为9.6 m（宽）×12.0 m（长）×8 m（高）。宽度方向对称两面为碗扣式钢管架，横距为1.2 m，纵距为1.2 m，步距为1.2 m，端头安装斜撑，从下向上连续安装，底部立杆应错长短布置。长度方向对称两面为扣件式钢管架，横距为1.2 m，纵距为1.6 m，步距为1.2 m。横向水平杆两跨两步一点错开布置，端头出100 mm，横纵向水平杆出头（150±50）mm。在扣件式钢管脚手架第三层设置工作层，外挂安全网，内满铺脚手板，脚手板对接、搭接合理布置，脚手板下要求设三道横支撑，工作层两端头脚手板用麻绳绑扎固定，严禁出现探头板。扣件式外排架两端设剪刀撑，按两跨三步设置一层。

二、准备要求

（1）人员要求。搭设人员8人，分两组同时考核。

（2）工具准备。线绳、吊线锤、水平尺等测量工具若干，呆扳手或活扳手、锤子、扭力扳手、钢卷尺若干。

（3）材料准备。按扣件式钢管脚手架材料标准准备扣件、底座、垫板以及各种长度的钢管、竹串片脚手板若干，按碗扣式钢管脚手架材料标准准备立杆、横杆、斜杆等配件。

（4）技术准备。及时向学员说明搭设要求，并对搭设人员进行安全技术交底。

（5）安全防护用品准备。准备安全帽、安全带若干，并对使用人员介绍安全用品的正确使用方法。

（6）场地准备。在搭设现场周围5 m范围内设置警戒区。

三、操作步骤

（1）平整搭设场地，夯实基土。

（2）按脚手架技术要求及立杆的跨距、排距放线。

（3）铺设垫板，定位出各立杆的位置，按定位线摆放底座。

（4）按搭设工艺要求先搭设两端的碗扣式钢管脚手架一步，再搭设扣件式钢管脚手架扫地杆、立杆、水平杆和抛撑。碗扣式一般要求比扣件式早一步。

（5）随搭设进度及技术要求逐步安装竹串片脚手板，及时设置剪刀撑、斜撑。

（6）搭设时要安排专人随时吊线校正架子位置。

（7）搭设完毕后，检查结构是否合理，对所有扣件螺栓逐个检查并拧紧，碗扣要求扣紧、打实，但不能损伤碗扣。

四、质量验收及评分标准

搭设质量按扣件式钢管脚手架、碗扣式钢管脚手架搭设技术要求、允许偏差分项验收。验收评分标准见表1。

五、注意事项

（1）脚手架搭设人员必须是经过培训的架子工。

（2）搭设人员要穿戴好安全帽、工作手套、防滑鞋上架作业，衣服要轻便，高处作业必须系安全带。

（3）搭设人员应配备工具套，工具用完后必须放在工具套内。手拿钢管时不准同时拿扳手等工具。材料、工具要用麻绳、滑轮吊送，严禁抛掷。

（4）搭设人员作业时要精力集中，注意相互之间的协作，严格按搭设操作规程的要求完成架体搭设。

（5）每搭完一步应及时校正脚手架的几何尺寸、立杆的垂直度，使其符合技术要求，符合要求后才能继续向上搭设。

（6）剪刀撑和斜撑要随架子的搭设同步进行。

（7）搭完后要对扣件的拧紧力矩进行检查，扣件的拧紧力矩应不小于40 N·m且不大于65 N·m。

（8）搭设脚手架时应派专人看守地面设置的警戒区，严禁非操作人员入内。

表1　　　　扣件式、碗扣式钢管脚手架搭设考核项目及要求的评分表

序号		项目	考核内容	配分	评分标准	扣分	得分
施工准备	1		构、配件准备	3	超出计划数量5件扣2分		
	2		构、配件检查	7	出现不合格杆件扣4分		
构造布置	3		按操作程度搭设	10	符合操作程序得满分，每错一次扣2分		
	4		扫地杆、步距	8	尺寸超差不得分		
	5		斜杆	4	组合方式错误不得分		
	6		剪刀撑	4	设置不当酌情扣分		
质量要求	7		立杆垂直	10	超差扣3分，接头错误扣5分		
	8		大横杆水平	10	超差扣3分，接头错误扣5分		
	9		杆件出端头	6	超差酌情扣分		
	10		扣件使用	6	每个扣件或碗扣不符合要求扣0.5分		
工作层	11		安全网	2	布置不当不得分		
	12		脚手板	3	出现探头板扣两分		
	13		间横杆每板三道	3	设置不当不得分		
技能	14		架上安全操作技能	4	安全带挂置不合理，扣两分，不挂安全带不得分		
	15		架上熟练操作技能	6	不熟练扣3分，缺乏协作精神不得分		
场地	16		安全生产	5	重大事故本项目无分，一般事故扣2~3分		
	17		文明生产	4	施工完后场地不清理扣2~4分		
工效	18		按时完成	5	超时酌情扣分		
合计				100			